彩图 1　碧螺春干茶及汤

彩图 2　金坛雀舌

彩图 3　祁门红茶干茶及茶汤

彩图 4　安溪铁观音干茶及茶汤

彩图 5　白毫银针干茶

彩图 6　普洱茶干茶及茶汤

彩图 7　英式红茶

彩图 8　都匀毛尖茶汤

彩图 9　祁门红茶干茶 / 茶汤 / 叶底

彩图 10 　青茶冲泡效果

彩图 11 　安溪铁观音干茶／茶汤／叶底

彩图 12 　白毫银针干茶／茶汤／叶底

彩图 13 　普洱茶干茶／茶汤／叶底

彩图 14　绿茶茶艺表演——碧玉沉清江

彩图 15　青茶茶艺表演——鉴赏汤色

职业教育课程改革创新教材
职业教育旅游服务类专业系列教材

茶艺实训教程

主　　编　濮元生　朱志萍

副 主 编　何晓颖

参　　编　彭莉莉　罗金华　许明星

机械工业出版社

本书内容主要分五部分，即认识茶叶，认识茶具和水，茶艺接待服务与礼仪，常见茶类冲泡、品饮与鉴赏以及茶艺表演。本书采用任务驱动式编写模式，侧重能力培养，将"教、学、做"融为一体。同时在编写过程中注重对茶艺学习者必须具备的基本知识和基本技能的培养，力求使知识的系统性和操作性相结合。教材开发过程中积极引入知名茶楼企业，合作拍摄了茶艺展示表演视频，供教学参考使用。

本书可作为职业院校旅游类专业、人文管理类专业、茶艺专业教学用书，同时可作为茶艺师职业资格培训考试用书，还可作为茶艺工作者、爱好者参考用书。

图书在版编目（CIP）数据

茶艺实训教程/濮元生，朱志萍主编．—北京：机械工业出版社，2017.12（2025.1重印）
职业教育课程改革创新教材　职业教育旅游服务类专业系列教材
ISBN 978-7-111-58406-3

Ⅰ．①茶…　Ⅱ．①濮…　②朱…　Ⅲ．①茶文化－中国－职业教育－教材

Ⅳ．①TS971.21

中国版本图书馆CIP数据核字（2017）第266258号

机械工业出版社（北京市百万庄大街22号　邮政编码100037）

策划编辑：聂志磊　　责任编辑：聂志磊　孟晓琳
责任校对：黄兴伟　　封面设计：马精明
责任印制：邹　敏

北京富资园科技发展有限公司印刷

2025年1月第1版第8次印刷

184mm×260mm・7印张・2插页・162千字

标准书号：ISBN 978-7-111-58406-3

定价：26.00元

前　言

茶艺，是一门如何泡好一壶茶的技术和如何享受一杯茶的艺术。在日常生活中，虽然人人都能泡茶、喝茶，但要真正泡好茶、喝好茶却并非易事。泡好一壶茶和享受一杯茶要涉及广泛的内容，如识茶、选茶、泡茶、品茶、茶文化以及茶艺美学等。泡茶可以因时、因地、因人的不同而有不同的方法。泡茶涉及茶、水、茶具、时间、环境等因素，把握这些因素之间的关系是泡好茶的关键。

为此，由南京市优秀教学团队——南京工程高等职业学校旅游管理教学团队牵头组织国内多所知名职业院校一线茶艺老师和行业专家编写了这本《茶艺实训教程》。本书采用校企合作的开发机制，坚持"以就业为导向"的原则，努力体现"教学贴切、实用"，坚持"做中学、做中教"的职业教育理念。在岗位典型工作任务分析的基础上设计教学内容。

本书力求体现现代职业教育改革创新理念，彰显知识、技能、能力三位一体培养特色，按照岗位需求和课程目标选择教学内容，体现"四新"、必需和够用，对接职业标准，易学易懂。本书具体特点：

1）打破传统教材编写模式，采用任务驱动编写模式。设置任务描述、任务目标、知识储备、任务实施、任务评价及课后练习等环节，化繁为简、化难为易，让读者能够轻松掌握知识与技能。

2）打破传统茶艺知识体系，遵循"必需，够用"的原则，坚持职业导向，弱化理论学习，强化能力培养。

3）打破学科界限，根据茶艺岗位知识能力的需求，融入其他专业学科知识，形成"多板块、多层次、多接口"特色。

4）通过实战演练及评价环节，更快、更好、更有针对性地培养读者的岗位职业能力。

5）本书配有内容丰富的教学资源包，包括助教课件、视频、习题、试卷等，对茶艺服务流程、不同类别茶艺服务规范和专项技能进行了示范，以提高读者的实际操作能力。凡选用本书作为教材的教师均可登录机械工业出版社教育服务网（http://www.cmpedu.com）或加入旅游教师交流群（QQ群：333103358）免费索取教学资源包，分享教学资料和教学经验。本书中二维码视频建议读者使用安卓系统手机浏览器扫描。

本书的编写，由四川省会理现代职业技术学校许明星负责项目一，湖南省衡阳市职业中等专业学校罗金华负责项目二，江苏旅游职业学院彭莉莉负责项目三，南京工程高等职业学校濮元生、舟山职业技术学校何晓颖负责项目四，江苏省金坛中等专业学校朱志萍负责项目五。茶艺表演教学视频由濮元生、朱志萍、吴爱琴制作，全书由濮元生总体设计并最后统稿。

本书编写过程中还得到四川省北川羌族自治县七一职业中学朱晓玲、哈尔滨商业大学朱正杰、黄山旅游管理学校王峰、海口旅游职业学校徐齐光、苏州旅游与财经高等职业技术学校殷虹刚、无锡旅游商贸高等职业技术学校冯霞敏、江苏省宜兴中等专业学校熊琴等老师的大力支持，常州市金坛区艺铭轩茶馆也给予了大力协助。本书的编写凝结了众多人士的支持和帮助，感谢各位参编的通力合作！书中引用了诸多参考文献和网站上的资料在此一并表示感谢！虽然全体编者都竭尽全力编写，但毕竟水平有限，错误与不当之处在所难免，恳请各位专家、学者和广大读者提出批评意见，不胜感激！

编　者

目　录

项目一　认识茶叶

中国是世界上最早发现和饮用茶叶的国家。茶源于神龙氏、闻于鲁周公、兴于唐朝、盛在宋代，如今已成为风靡世界的三大无酒精饮品之一。茶不但推进了我国的文明进程，而且极大地丰富了西方以及世界的物质文化生活。

俗话说："开门七件事，柴米油盐酱醋茶。"可见茶已成为人们日常生活的必需品。虽然世界上很多地方都出产茶叶，也有饮茶的传统，但都源自中国。我国历代古书，都有对茶事的记载。我国第一部药物学专著《神农本草经》中这样记载了茶的起源："神农尝百草，日遇七十二毒，得茶而解之。"唐代茶圣陆羽在《茶经·六之饮》中写道："茶之为饮，发乎神农氏，闻于鲁周公。"在中国人的生活中，茶不仅是解渴的饮品，而且是生活中的一种文化符号，更是涤荡心灵、修身养性的一剂良药。

任务一　茶叶的发现与发展

任务描述

茶是中华民族的举国之饮。它发乎神农，闻于鲁周公，兴于唐朝，盛在宋代，如今已成为风靡世界的三大无酒精饮品（茶叶、咖啡和可可）之一，嗜好者遍及全球。茶被认为是中国的国饮，蕴涵了深厚的文化底蕴，它的历史与演变不可忽视。茶艺服务人员了解茶叶的基础知识和中国茶文化的发展进程，不仅能拓宽知识面，还可以提升自身的业务素养。在普及饮茶常识、弘扬茶文化的今天，只有不断提高自身素质方可胜任茶艺工作，尽享识茶、泡茶、饮茶的乐趣。

任务目标

1. 了解茶的起源，掌握茶起源于中国的依据。
2. 熟悉中国茶文化发展的各个历史时期。

知识储备

知识点 1　茶 之 起 源

中国是茶树的原产地，也是世界上最早利用茶叶的国家，至今已有五千年的历史。早在西汉末期，茶叶就已成为商品，人们开始讲究茶具和泡茶技艺。到了唐代，饮茶成为一种风尚，茶叶生产发达，茶税成为政府的财政收入之一。茶树种植技术、制茶工艺、泡茶技艺和茶具等都达到了前所未有的水平，还出现了世界上最早的一部茶书——《茶经》（陆羽）。我国的饮茶风气早在唐代以前就传入了朝鲜和日本，逐渐形成"茶礼"和"茶道"，至今仍盛行不衰。17世纪前后，茶叶又传入欧洲各国。如今茶叶已成为世界三大饮料之一，这是中国劳动人民对世界文明的一大贡献。

说起茶，自然要提到神农了。唐代陆羽在《茶经》中说："茶之为饮，发乎神农氏，闻于鲁周公。"《神农本草经》（约成于东汉）中记述了"神农尝百草，日遇七十二毒，得荼而解之"的传说，其中"荼"即"茶"，这是我国最早发现和利用茶叶的记载。

茶树的起源问题，历来争论较多。随着考证技术的发展，人们逐渐达成共识，中国是茶树的原产地，中国西南地区是茶树原产地的中心，同时也是世界上最早发现野生茶树和现存野生大茶树最多、最集中的地方。

拓展阅读

相传约公元前2700年，有个很奇特的人叫神农。他有一个水晶般透明的肚子，他吃过的东西，在胃肠里可以看得清清楚楚。那时候，人们还不会用火烧东西吃，花草、野果、虫鱼、禽兽等都是生吞活咽的，因此，人们经常闹病。神农为了解除人们的痛苦，就决定利用自己特殊的肚子，把看到的植物都试尝一遍，看看这些植物在肚子里的变化，以便让人们知道哪些植物无毒可以吃，哪些有毒不能吃。于是他开始试尝百草。当他尝到一种开着白色花朵的树上的嫩绿叶时，发现这种绿叶很奇怪，一吃到肚子里，就从上到下、从下到上，到处流动洗涤，好似在肚子里检查着什么，把胃肠洗得干干净净，于是他就称这种绿叶为"查"。以后人们又把"查"说成了"茶"。神农成年累月地跋山涉水，试尝百草，经常会中毒，全靠茶来解救。后来，他见到一株开着黄色小花的草，花萼在一张一合地动着。他感到好奇，就把叶子放进嘴里慢慢咀嚼。不一会儿，他感到肚子很难受，还未来得及吃茶叶，肚肠就一节节地断开了。神农就这样为了拯救人类牺牲了自己。于是，人们称这种草为"断肠草"。常言道："神农尝药千千万，可治不了断肠伤。"

这虽然是个传说，但也可从中看出，茶叶作为一种药物，很早以前就被我国人民所了解。

知识点 2　茶叶的发展

中国茶史大致经历了 8 个发展阶段：

1. 原始时期

这是人类饮食的蒙昧阶段，其主要特点可概括为"食肉寝皮""茹毛饮血"。早期的原始人尚不知熟食，更谈不上烹调，只是依靠采集野果和生食捕获到的畜肉等裹腹谋生。由此可见，这是中国饮食文化的准备阶段。传说中的神农发现茶的作用的记述出现于秦汉时期的《神农本草经》，他尝百草酸咸，察水土甘苦，于是创立医药学，为后来的医学发展提供了茶史最基础的理论。

2. 三代时期

夏商周时期是中国茶的利用阶段。在商朝以前，视茶为珍物，用作祭品，延用 3000 多年，新中国成立前在福建闽南各地，祖先忌辰还用茶或茶汤为早敬。在商朝以后，茶叶开始种植，《诗经》里有许多诗句提到茶，如"谁谓茶苦，其甘如荠""采茶薪樗，食我农夫"等。中国最古的辞书《尔雅》也涉及"苦荼"。古籍《周礼·地方篇》记载当时设有掌管茶事的官员。在湖南长沙马王堆出土的距今 2200 年前的文物中，用丝织的画轴上有仕女献茶的记录。陆羽《茶经》这样记载："茶之为饮，发乎于神农，闻于鲁周公。"这说明茶在周朝已经开始作为饮品。

生煮羹饮是对茶叶的最先利用。在煮饮调配理论上，既强调调味与时令，又注重调味与火候，既强调主次搭配，又注重选料与刀功，提出"凡和，春多酸，夏多苦，秋多辛，冬多咸，调以滑甘"等一整套理论方法，成为中国茶文化中的一笔遗产，为中国茶艺技术提供了理论根据，同时也为中国茶艺文化特色的形成奠定了基础。

3. 春秋战国至秦汉时期

这个时期是中国发展的重要时期，也是茶文化的启蒙阶段。在茶饮仅是满足裹腹谋生的情况下，还不能称其为"文化"。从春秋战国时期至秦朝，特别是秦朝统一六国大大促进了内外经济、文化的交流，并开始形成了饮食市场和食品市场，这些都为以后茶艺文化大发展创造了有利的条件。

4. 西汉至南北朝到隋朝时期

这一时期是茶文化的萌芽阶段。随着茶叶生产的发展，出现茶叶市场及茶叶商品生产。西汉年间，湖南就有以茶命名的"茶陵县"。"苦茶久食，益意思"这说明吃茶可增进思维。从此茶与社会生活、与文化有了更紧密的联系，相对而言，对茶业科学的发展也起到了有力的推动作用，出现了许多关于饮食涉及茶的专门著述。如汉代刘安在其《淮南王》书中对"五味调和之术"就有过精彩的论述；北魏贾思勰所撰《齐民要术》不仅记载了食饮的种植品种，而且介绍了多种烹调技艺；此外如《氾胜之书》以及华佗的《食论》等均为重要的食饮专著。三国时期魏国的张揖在《广雅》中提及："荆巴间采茶作饼，成以米膏出之，若饮先炙之令色赤，捣末置瓷器中，以汤浇覆之，用葱姜芼之。"将茶做成饼块状，便于运输、存放，饮用时经炙茶、捣末，再和以葱姜等香辛料芼饮。对此，西晋类似记载很多，加上配料的种类也很多。这说明当时茶的生产与饮用已经非常流行。

到了六朝佛教盛行，特别是西晋，佛教促进了茶叶生产的发展，茶叶也起着传扬佛教的作用，茶佛一味，说明两者关系十分密切。为什么佛徒会嗜茶？是因为饮茶对佛徒来说是很有益处的。一是坐禅时可彻夜不眠；二是满腹时能帮助消化。伴随茶叶生产的发展和饮茶的普及，茶学蓬勃兴起，茶学兴起的反馈，使得茶叶生产更快地发展，于是出现茶文化的萌芽。

5. 唐时期

这一时期国家实现了空前规模的统一，经济的发展促进了文化的全面繁荣，造就了中国茶文化的形成。在隋朝期间，还有一个传说，隋文帝有头痛病，曾梦见神仙，"易其脑骨，自尔脑痛不止"，一位僧人告诉他治头痛的秘方："山中有茗草，煮而饮之当愈，常服之有效。"此后隋文帝坚持饮茶，果然见效。于是朝野之士纷纷采撷这种治病救人的茗草，饮茶之风蔓延中华南北大地。

在唐代，茶文化出现了一个新的高峰，茶叶生产在国内取得重大的突破，得到普及，茶的加工和煮饮技艺也取得了很大的进步，饮茶之风兴起。特别是中唐以后，陆羽的《茶经》问世，这是世界上第一部茶叶专著。它将茶的生产技术和饮茶方法总结提高为一门新的学问和文化，成为中国饮食文化的主要组成部分，从而迅速推动了中国茶叶的兴旺发展。到了唐代的中后期，茶叶已成为"举国之饮"。

6. 宋代时期

这一时期茶叶产地扩大、产量剧增，制茶技术也比唐朝有明显的改进，工艺及品质上有了很大的提高。宋徽宗在《大观茶论》中赞"本朝之兴，岁修建溪之贡，龙团凤饼，名冠天下"。唐代茶人对"汤华"（泡沫）的追求对宋代的影响很大，宋代斗茶以泡沫越多越白而取胜，所谓"斗浮斗色倾夷华"。宋代茶人除了追求美丽的茶汤泡沫外，也讲究茶汤的真味。当时的宋人对茶的品味和造型要求在不断研究，不断提高，希望通过喝好茶，看到好茶，使品茶由普通的物质性要求转向艺术品性质的精神追求。赏茶、饮茶也成为一种精神享受。

宋代茶艺文化更加繁荣。茶业专著传世的就有25部之多，最著名的有宋子安的《东溪试茶录》、宋徽宗的《大观茶论》、熊蕃的《宣和北苑贡茶录》和蔡襄的《茶录》。尤其是《茶录》详细论述泡茶饮茶技术，开审评茶叶之先河。宋代茶诗词为历代最多，有1000多首，而其中苏东坡、黄庭坚、陆游三人占500首。他们对茶及茶艺文化的诗赞是茶文化的宝贵财富。由这些方面反映了宋代茶文化的研究精华，是研究中国茶艺文化史的重要文献。

7. 明清时期

明清时期在前朝的基础上出现了很多新的茶树种植和茶叶生产加工技术，对于茶树生长规律和特性的掌握也有很大进步。官府鼓励和发展茶叶生产，茶叶产量增大，茶类增加，出现很多新茶，制茶工艺也得到提升，并涌现出很多品质超群的茶类和名品。到了清代，尤其是鸦片战争以后，随着海外贸易量增大，茶叶已成为中国最重要的出口商品。

在茶饮方式上，清饮和调饮两种方式共同发展。茶具制作日益精良，《清稗类钞》中对宜兴紫砂茶器倍加推崇，指出宜兴"所出陶器至精，以供茗饮者为多"。由饮茶而起的文化现象，早期萦绕于文人墨客，随后向上推至皇室贵族，期间一直存在着雅与俗的纷争，历经魏晋、隋唐，直至宋代开始普及到寻常百姓，到了清代，茶馆文化才真正完全融入了中国各阶层人民的生活。《清稗类钞》里记述了大量关于清代茶馆中的民风民俗，从中可见清代茶文化的普及和深入发展。

清代虽然在茶业栽培和制茶工艺上有了显著增加，但著作、茶诗不多，整个清代，仅有茶著10部，茶诗有700多首。

8. 新中国时期

新中国成立后，茶艺文化得到全面、快速发展。其主要有：一是茶叶科学技术理论提高；二是茶叶生产规模空前，大量名茶不断涌现；三是茶文化得到了弘扬和全面性发展；四是茶艺文化研究组织机构增多。以上足以说明中国传统茶艺文化的博大精深。

总之，中国茶艺文化作为中国传统文化重要的组成部分，其根基深厚，历史悠久，内容丰富，成绩斐然。它是中华民族历史文明的产物，也是中国人民对世界文化的又一杰出贡献。

拓展阅读

茶树，山茶科山茶属灌木或小乔木，嫩枝无毛。叶革质，长圆形或椭圆形。茶树的叶子可制茶（有别于油茶树），种子可以榨油。茶树材质细密，其木可用于雕刻，分布主要集中在南纬16°至北纬30°。茶树喜欢温暖湿润的气候，平均气温10℃以上时嫩芽开始萌动，生长最适温度为20～25℃；年降水量要在1000mm以上；喜光耐阴，适于在漫射光下生育；一生分为幼苗期、幼年期、成年期和衰老期。树龄可达一二百年，但经济年龄一般为40～50年。我国西南部是茶树的起源中心。在热带地区也有乔木型茶树高达15～30m，基部树围1.5m以上，树龄可达数百年至上千年。

任务实施

1. 请同学们在课后运用多种途径收集资料，查找更多关于茶起源的文字、图片，下节课和大家一起分享。

2. 将收集的资料写成一篇 3min 的解说词，可适当穿插一些故事传说。

任务评价

项　　目		评价内容	组内自评	小组互评	教师点评
知识	应知应会	茶叶的起源	□优　□良　□差	□优　□良　□差	□优　□良　□差
		茶叶的发展	□优　□良　□差	□优　□良　□差	□优　□良　□差
能力	收集、整理、表述	查找	□优　□良　□差	□优　□良　□差	□优　□良　□差
		分析	□优　□良　□差	□优　□良　□差	□优　□良　□差
		归纳	□优　□良　□差	□优　□良　□差	□优　□良　□差
		整理	□优　□良　□差	□优　□良　□差	□优　□良　□差
		表述	□优　□良　□差	□优　□良　□差	□优　□良　□差
态度	积极主动、热情礼貌		□优　□良　□差	□优　□良　□差	□优　□良　□差
	有问必答、耐心服务		□优　□良　□差	□优　□良　□差	□优　□良　□差
提升建议：				综合评价：□优　□良　□差	

课后练习

1. 茶树的原产地是哪里？
2. 从历史发展角度看，茶及茶文化的发展可以分为几个阶段？分别是什么？

任务二　茶叶的命名与分类

任务描述

茶叶是人们日常生活中重要的饮料之一。在漫长的历史发展过程中，由于茶区分布广泛，茶树品种繁多，制茶工艺不断革新，形成了丰富多彩的茶类。目前世界茶叶的分类方法多种多样，有的根据制造方法来分，有的根据茶叶外形来分。在众多的分类方法中，运用最广泛、最权威且认知度最高的是按照茶的加工工艺来分类，可将其分为绿茶、红茶、青茶、黄茶、白茶、花茶、黑茶和再加工茶。学生通过对本任务的学习，应了解各类茶叶的基本品质特征及品质形成的基础知识，为以后的茶艺服务做好准备。

任务目标

1. 了解茶叶的命名依据。
2. 熟悉茶叶的分类。
3. 掌握六大茶类的品质特征。

知识点 1　茶叶的命名

我国茶区广阔，茶树品种资源丰富，多达上千种。茶叶主要有以下几种命名依据。

1. 依据产地命名

如浙江杭州的"西湖龙井"、江西的"庐山云雾"、四川雅安蒙顶山的"蒙顶甘露"等。

2. 依据外形命名或汤色命名

依据外形命名的如形似瓜子片的安徽"六安瓜片"、形似珍珠的浙江"珠茶"、形曲如螺的苏州"碧螺春"等。

依据汤色命名的如绿茶、红茶、黄茶等。

3. 依据发酵程度命名

依据发酵程度不同分为发酵茶（如红茶）、半发酵茶（如青茶）和不发酵茶（如绿茶）。

4. 依据包装方式命名

依据包装方式不同，可分为散茶、箱装茶、罐装茶、盒装茶、袋装茶等。

5. 依据茶树品种的名称命名

如"水仙""大红袍""奇种"等，这些既是茶叶的名称，又是茶树品种的名称。

6. 依据采摘时期和季节命名

如清明节前采制的称"明前茶"，4～5月采制的称"春茶"，6～7月采制的称"夏茶"，8～10月采制的称"秋茶"，当年采制的称"新茶"等。

茶叶还有其他一些通俗应用型分类方法。例如，按茶叶鲜叶叶片大小可分为大叶茶、中小叶茶、小叶茶。按茶树生长地形可分为平地茶和高山茶。按生长方式不同可分为人工栽培茶和野生茶。按相对保存时间长短可分为新茶和陈茶。按销售方式可分为外销茶、内销茶、边销茶。

总之茶叶的名称很多，且很混杂，同一茶叶有多种品名，如各地生产的炒青，外形内质基本相同，但名称不一；还有不同茶类的茶叶品质相差很大而茶名相同，如绿茶、黄茶和白茶都有银针。

知识点 2　茶叶的分类

我国茶叶的分类有很多种，其中最被人们认可的分类方法是按照制作方法（茶多酚的氧化程度）来分，将茶叶分为六大类，即绿茶、红茶、青茶、白茶、黄茶和黑茶。

一、绿茶

绿茶（图1-1）是我们的祖先最早发现和饮用的茶，产量位居六大茶类之首。绿茶是我国的主要茶类，生产历史悠久，范围极为广泛。其中山东、浙江、河南、安徽、江西、江苏、四川、湖南、湖北、广西、福建、贵州为我国的绿茶主产省份。绿茶以采摘鲜叶为原料，属不发酵茶。在各类茶叶中，绿茶的名品最多，如西湖龙井、碧螺春、黄山毛峰、金坛雀舌等。绿茶冲泡后水色清冽，香气馥郁，给人带来静谧的享受，十分适合浅啜细品。

图 1-1　绿茶

1. 品质特征

绿茶属于不发酵茶（发酵度为 0）。干茶色泽绿，汤色绿，叶底绿，俗称"三绿"。冲泡后清汤绿叶，形美、色香、味醇。

（1）颜色　干茶以绿色为主，也有碧绿、翠绿或黄绿。

（2）原料　嫩芽、嫩叶。

（3）香味　清新的香气，味清淡、微苦。

2. 制茶之道

绿茶的加工，可简单分为杀青、揉捻和干燥三个步骤，其中关键在于初制的第一道。鲜叶通过杀青，使酶的活性钝化，内含的各种化学成分在基本上没有酶的影响下，由热力作用进行物理、化学变化，从而形成绿茶的品质特征。

（1）杀青　这是绿茶制作的第一道工序，对绿茶品质起着决定性作用。杀青通过高温，破坏鲜叶中酶的特性，制止多酚类物质氧化，以防止叶子红变；同时蒸发叶内的部分水分，使叶子变软，为揉捻造型创造条件。随着水分的蒸发，鲜叶中具有青草气的低沸点芳香物质挥发消失，从而使茶叶的香气得到改善。

（2）揉捻　这是塑造绿茶外形的一道工序。揉捻就是通过外力作用，破坏纤维组织，让茶汁渗出，从而使茶叶便于造型，并增进色香味的浓度。以条形绿茶为例，其卷曲的条状就是通过揉捻这一工序完成的。

（3）干燥　干燥的目的是蒸发水分，并整理外形，充分发挥茶香。通过烘干、炒干和晒干等方法，蒸发掉茶叶中多余的水分，保持茶叶中酶的活性，有利于茶原本品质的保存和茶形的固定。

3. 茶品分类

绿茶根据制作方法的不同可分为四种：炒青绿茶、烘青绿茶、晒青绿茶、蒸青绿茶。

（1）炒青绿茶　用锅炒的方式进行干燥而制成的绿茶，具有"外形秀丽，香高味浓"的特点。因为在干燥过程中受到的作用力不同，又有长炒青、圆炒青、扁炒青和特种炒青之分。主要品种有长炒青（婺绿炒青）、圆炒青（珠茶）、扁炒青（西湖龙井）、特种炒青（洞庭碧螺春，彩图 1）。

（2）烘青绿茶　以烘焙的方式进行干燥而制成的绿茶。多数烘青绿茶经精制后用来作为熏制花茶的茶坯。主要品种有黄山毛峰、六安瓜片、太平猴魁。

（3）晒青绿茶　利用日光进行晒制的绿茶。这是最古老的晒制茶叶的方式，会有一股被"太阳"晒过的味道。主要品种有滇青、川青、陕青、桂青。

（4）蒸青绿茶 蒸青绿茶是用高温蒸汽杀青而制成的，是我国古代的一种杀青方法。蒸青是利用蒸汽来破坏鲜叶中酶的活性，形成干茶色泽深绿、茶汤浅绿和叶底青绿的"三绿"品质特征，但香气较闷，涩味也较重，不及炒青绿茶那样鲜爽。主要品种有恩施玉露等。

4. 代表名茶

（1）西湖龙井茶 产于浙江省杭州市西湖区，素以"色绿、香郁、味甘、形美"四绝著称。其品质特征是：扁平挺秀，光滑匀齐，色泽绿中显黄，俗称"糙米色"。冲泡后，清香若兰，汤色清明，味甘鲜美，叶底匀一。每采制 1kg 特级龙井茶，大约需要 7 万～8 万个芽叶。根据原料嫩度不同，分为特级、一至五级共 6 个级别。

（2）洞庭碧螺春 产于江苏苏州吴县洞庭东山和西山。碧螺春之"碧"，碧绿之意；"螺"，外形卷曲如螺；"春"，采制于早春时节。其品质特征是：外形条索纤细，卷曲成螺，白毫密布，色泽银绿隐翠。冲泡后清香优雅，滋味鲜爽回甘，汤色碧绿清澈，叶底明绿柔匀。每采制 1kg 高级碧螺春，大约需要 12 万～14 万个芽叶。根据原料嫩度不同，分为特级、一至四级共 5 个级别。

（3）黄山毛峰 产于安徽省黄山。以香高、味醇、芽叶细嫩多毫为特色。其品质特征是：外形细嫩稍卷曲，有锋毫，形似雀舌，奶叶（也称鱼叶）呈金黄色，称为金黄片；色泽嫩绿油润，俗称"象牙色"。冲泡后，汤色嫩绿明亮，香气清香高长，滋味鲜厚回甘，叶底厚实成朵。若是细嫩的黄山毛锋，开水冲泡后，芽叶竖直悬浮汤中，继之徐徐下沉而立，宛若春兰待放，颇具观赏价值。根据原料嫩度不同分为特级（一、二、三等）、一至三级。

（4）金坛雀舌 产于江苏省金坛市，为现代创制名茶（彩图 2）。其品质特征是：外形扁平挺直，形似雀舌，色泽绿润。冲泡后，香气清高，滋润醇爽，汤色嫩绿明亮，叶底嫩匀成朵。

（5）南京雨花茶 产于江苏南京，为新创制的特种炒青名茶。其品质特征是：形似松针，条索紧结，长直浑圆，两端稍尖，白毫披面，锋苗挺秀，色泽墨绿，齐整匀一。冲泡后，香气浓郁高雅，滋味鲜醇回甘，汤色碧绿清澈，叶底嫩匀明亮。

（6）信阳毛尖 产于河南信阳。以香清、味醇、汤明、叶嫩为特色，享誉我国华北、中南地区。其品质特征是：条形细圆紧直，色绿光润，白毫披布。冲泡后，香气清高持久，有熟板栗香；滋味醇浓，饮后回甘生津；汤色明净碧绿，叶底嫩绿匀整。

（7）六安瓜片 产于安徽省六安、金寨、霍山等地，汲取兰花茶、毛尖制造之精华，逐渐创制而成，分内山瓜片和外山瓜片两个产区。其品质特征是：外形为瓜子形的单片，自然平整，叶缘微翘，色泽深翠绿，带灰霜点，大小匀整。冲泡后，香气清香高爽，滋味鲜爽回甘，汤色嫩绿明亮，叶底厚实。

拓展阅读

　　现代科学大量研究证实，茶叶确实含有与人体健康密切相关的生化成分。茶叶不仅具有提神清心、清热解暑、消食化痰、去腻减肥、清心除烦、解毒醒酒、生津止渴、降火明目、止痢除湿等药理作用，还对现代疾病，如辐射病、心脑血管病等，有一定的药理功效。茶叶具有药理作用的主要成分是茶多酚、咖啡因、脂多糖和茶氨酸等。

二、红茶

红茶（图1-2）因其干茶色泽和冲泡的茶汤以红色为主调，故得名。红茶种类较多，产地较广。在国际市场上，红茶贸易量占世界茶叶总贸易量的90%以上。世界四大名红茶有：祁门红茶、阿萨姆红茶、大吉岭红茶、锡兰高地红茶。

图1-2　红茶

1. 品质特征

红茶属于全发酵的茶，发酵度为100%。通常是碎片状，但条形的红茶也不少见。

（1）颜色：干茶暗红色。

（2）原料：大叶、中叶、小叶都有，一般是切青、碎形和条形。

（3）香味：独特的麦芽糖香，滋味浓厚，略带涩味。

2. 制茶之道

红茶的制作工艺一般包括萎凋、揉捻、发酵、干燥。

（1）萎凋　萎凋的方法有四种，即日光萎凋、遮阴网萎凋、自然萎凋及萎凋槽萎凋等。通常是先将鲜叶去除一部分水分，使其失去光泽，鲜叶变软，这是红茶初制第一道工序，可以增加萎凋叶中酶的活性，并为下道工序做好准备。

（2）揉捻　红茶揉捻是为了造型，通过揉捻破坏叶的细胞，加速多酚类的酶氧化，同时为发酵做准备。

（3）发酵　红茶经过发酵，茶多酚物质在多酚氧化酶的作用下，形成缩合茶多酚，散发出苹果香，叶底呈红铜色或猪肝红，这是红茶在制作中独有的过程，也是红茶形成汤色红艳等品质特点的关键程序。

（4）干燥　红茶通过干燥，使发酵停止，从而保证了红茶的品质。

3. 茶品分类

红茶按照加工工艺的不同分为红条茶和红碎茶两种。

（1）红条茶　我国传统红条茶因为制作方法不同，分为小种红茶和工夫红茶。

1）小种红茶：产于我国福建。由于小种红茶在加工过程中用松柴明火加温进行萎凋和干燥，所以制成的茶叶有浓烈的松烟香。因产地和品质不同，又可分为正山小种和外山小种。其中正山小种在国际上备受青睐。

2）工夫红茶：是我国特有的红茶品种，也是我国传统出口商品。它因初制时特别注重条索的完整紧结，精制时颇费工夫而得名。工夫红茶以红条茶为原料精制加工而成。按产地的不同有"祁红""滇红""宁红""宜红""闽红""湖红"等不同的花色，品质各具特色。最为著名的当数安徽祁门所产的"祁红"和云南所产的"滇红"。

（2）红碎茶　是国际茶叶市场的大宗茶品。它是在红茶加工过程中，将条形茶切成短细的碎茶而成，故命名为红碎茶。它与普通红茶的碎末不可混为一谈。红碎茶要求茶汤味浓、强、鲜、香高，富有刺激性，一般适合加入牛奶、糖、蜂蜜、果汁等来调饮。

4. 代表名茶

（1）滇红　产于云南省的勐海、凤庆、临沧等地，又称滇红工夫茶，属大叶种类型的工夫茶，是我国工夫红茶的新秀。其品质特征是：条索肥壮紧结，重实匀整，色泽乌润带红褐，茸毫特多。因产地不同，毫色有淡黄、菊黄、金黄之分。冲泡后，香郁味浓，香气高长，带有花香，滋味醇厚，刺激性强，汤色红艳，叶底肥厚红亮。

（2）正山小种　最古老的一种红茶，产于我国福建省，是世界红茶的鼻祖。世界红茶生产大国印度、斯里兰卡，其茶种都是源于武夷山的小种红茶，而且其最初的制茶工艺也是源于武夷山红茶的制茶法。由于正山小种红茶在加工过程中采用松柴明火加温进行萎凋和干燥，所以制成的茶叶具有浓烈的松烟香。其品质特征是：外形条索肥壮，紧结重实，色泽乌润有光。冲泡后，香气高长，带有松香味，滋味醇厚带桂圆味，汤色橙红明亮，叶底厚实光滑，呈古铜色。

（3）祁红　产于安徽祁门，所以又称祁门工夫红茶（彩图3），属小叶种类型的工夫茶，是我国传统工夫红茶中的珍品。其品质特征是：条索紧秀而稍弯曲，有锋苗；色泽乌黑泛灰光，俗称"宝光"。冲泡后，香气浓郁高长，带有蜜糖香，蕴含兰花香，且滋味醇厚，回味隽永；汤色红艳，叶底鲜红嫩软。

拓展阅读

　　红茶在英语中的名称为"Black Tea"，而不是"Red Tea"。之所以有这种称呼上的差异，据说是因为西方人相对注重茶叶的颜色，而中国人相对注重茶汤的颜色。

三、青茶

青茶，又称乌龙茶、半发酵茶（图1-3），是我国几大茶类中特色鲜明的茶叶品类。因为茶叶中的儿茶素会随着发酵温度的升高而相互结合，致使茶的颜色变深，因此茶的涩味也会减少。青茶为中国特有的茶类，主要产于福建（闽北、闽南）及广东、台湾地区。近年来四川、湖南等省也有少量生产。青茶除了内销广东、福建等省外，主要出口日本、东南亚和我国港澳地区。

图1-3　青茶

1. 品质特征

青茶属半发酵茶（发酵度为30%～60%）。茶色明亮乌润，既有绿茶的清香和花香，又具有红茶醇厚回甘的滋味。

（1）颜色　干茶多为青绿色、黄绿色或青褐色。

（2）原料　一叶一芽，枝叶连理，大都是对口叶。

（3）香味　香味有多种，从清新的花香、果香到熟果香，滋味醇厚，微苦而回甘。

2. 制茶之道

青茶的制作工艺一般包括萎凋、摇青、杀青、揉捻、干燥。

（1）萎凋　有日光萎凋和室内萎凋两种。

（2）摇青　摇青是青茶内质形成的关键，可以形成青茶叶底酵素，防止叶子继续变红，同时消除茶中的青气味。

（3）杀青　程序同绿茶。

（4）揉捻　造型程序，青茶的球形或条索形结构就是在这个时候确定的。

（5）干燥　去除茶叶中多余的水分，使茶梗干脆。

3. 茶品分类

根据茶树产地的不同，可以分为闽南乌龙、闽北乌龙、广东乌龙和台湾乌龙。

（1）闽南乌龙　主要产于福建省南部的安溪县、永春县等地，主要名茶有铁观音、黄金桂、大叶乌龙、奇兰、本山等。

（2）闽北乌龙　主要产于福建省北部的武夷山一带，主要名茶有大红袍、武夷肉桂、水仙等。

（3）广东乌龙　主要产于广东省潮州凤凰山区一带及梅州等地。凤凰单枞、凤凰水仙、岭头单枞等都十分有名。

（4）台湾乌龙　主要产于阿里山山脉等地，主要名茶有冻顶乌龙、文山包种、阿里山乌龙、白毫乌龙等。

4. 代表名茶

（1）大红袍　最早产于天心岩九龙窠，属于闽北乌龙茶。它既是茶树名又是茶叶名。其品质特征是：外形条索壮结匀整，色泽青褐油润呈"宝光"，叶面呈青蛙皮状，有少粒白点，人称"蛤蟆背"。冲泡后，香气馥郁有兰花香，具有特殊的"岩韵"；滋味浓醇回甘，清新爽口；汤色橙黄明亮，叶底"绿叶红镶边"，呈三分红七分绿，且柔软红亮。大红袍的品质很有特色，冲泡七八次仍有原茶真味和花香。

（2）安溪铁观音　产于福建省安溪，以铁观音茶树制成的铁观音茶品质最优，是闽南乌龙茶中品质优良、较具代表性的茶（彩图4）。其品质特征是：外形紧结、卷曲，多成螺旋形，身骨沉重，色泽砂绿油润，俗称"青蒂、绿腹、蜻蜓头"。冲泡后香气馥郁悠长，"音韵"（即"铁观音茶韵"）明显，有"七泡留余香"之誉；滋味醇厚甜鲜，入口微苦，瞬即转甜，稍带蜜味；汤色金黄清澈明亮，叶底肥厚软亮，红边均匀，耐冲泡。

（3）凤凰单枞　产于潮州市潮安凤凰山区，是从凤凰水仙群体品种中筛选出来的优异单株，品质优于凤凰水仙。其品质特征是：条索挺直肥大，色泽黄褐，俗称"鳝鱼皮色"，且油润有光。冲泡后，香味持久，有天然花香，滋味醇爽回甘，耐冲泡，汤色橙黄清澈，碗壁显金黄色彩圈，叶底肥厚柔嫩，叶边朱红，叶腹黄明。

（4）白毫青茶　产于我国台湾地区台北文山一带，产制技术和茶树品种均来自福建武夷山，已有近百年历史，是青茶中发酵较重的一种，而且鲜叶嫩度也是青茶中最嫩的。其品质特征是：条索肥壮，白毫显著，茶条紧短，色泽呈红、黄、白三色。冲泡后，汤色呈鲜艳的橙红色，有天然的花果香，滋味醇滑甘爽，叶底红褐带红边，叶基部呈淡绿色，芽叶完整。

拓展阅读

青茶与绿茶的区别

　　青茶和绿茶产自同一种茶树，最大的差别在于有无发酵。绿茶未进行发酵，保留了很多维生素。青茶经过半发酵的过程，在减少茶的涩味的同时，还产生了有抗氧化功效的儿茶素和多酚类物质，因此它具有很多绿茶所没有的保健功效。

四、白茶

白茶是我国的特产，属轻度发酵茶。因其叶色、汤色均如银似雪而得名（图1-4）。白茶评测对茶树鲜叶原料有特殊的要求，嫩芽及两片嫩叶均有白毫显露，这样制成的茶叶才会满披毫毛，色白如银，素有"绿装素裹"之美感。白茶采用最自然的做法，保留了很多对人体有益的天然维生素。

1. 品质特征

白茶为轻度发酵茶（发酵度为20%～30%），是我国的特产。

（1）颜色　干茶外表满披白色茸毛，毫心洁白如银，色白隐绿。

（2）原料　由壮芽、嫩芽制成。

（3）香味　味清鲜爽口、甘醇，香气弱。

图1-4　白茶

2. 制茶之道

白茶的制作工艺一般包括萎凋、干燥、装箱三道工序。

（1）萎凋　分室内萎凋或室外萎凋。如果是阴雨天，可以采用室内萎凋方式，春秋季节天气晴朗的时候，一般采用室外萎凋。

（2）干燥　白茶一般没有炒青和揉捻的过程，但要根据种类进行简单的干燥工序。

（3）装箱　烘焙过的毛茶容易吸收水分，因此在装箱之前，毛茶还要进行第二次烘焙，以去掉水分，固定茶形，易于保存。

3. 茶品分类

因茶树品种、原料（白茶鲜叶）采摘标准不同，有几种不同的分类标准，本书主要以采制方式来分类。单芽制成的茶称为"银针"，采时只在新梢上采下肥壮的单芽；芽叶不分离的茶称为"白牡丹"，一般为一芽一叶或一芽二叶，芽头显；叶片制成的茶称为"寿眉"，原料采摘标准为一芽二叶或一芽三叶，以叶为主，芽头不显。

4. 代表名茶

（1）白毫银针　产于福建福鼎、政和等地，用大白茶或大白茶的肥大芽尖制成（彩图5）。其品质特征是：外形挺直如针，芽头肥壮，满披白毫，色白如银。因产地不同，品质有所差异。产于福鼎者，芽头茸毛厚，色白有光泽，汤色呈浅杏黄色，滋味清鲜爽口；产于政和者，滋味醇厚，香气芬芳。白毫银针在制作时，未经揉捻破坏茶芽细胞，所以冲泡时间一般要比绿茶长一些，否则不易浸出茶汁。

（2）白牡丹　产于福建省政和、建阳、松溪、福鼎等县。绿叶夹银白色毫心，形似花朵，冲泡后绿叶托着嫩芽，宛如蓓蕾初放，故得美名。其品质特征是：外形不成条索，似枯萎花瓣，色泽灰绿或暗青苔色；冲泡后香气芬芳，滋味鲜醇，汤色杏黄或橙黄，叶底浅灰，叶脉微红，芽叶连枝。

（3）贡眉　产于福建建阳、建瓯、浦城等地。其品质特征是：外形芽心较小，色泽灰绿带黄；冲泡后香气鲜纯，滋味清甜，汤色黄亮，叶底黄绿，叶脉泛红。

拓展阅读

白茶为何营养丰富

白茶的制作采用最原始的做法，人们采摘了细嫩且叶背多白茸毛的芽叶，加工时不炒不揉，既不像绿茶那样阻止茶多酚氧化，也不像红茶那样促进它的氧化，而是置于微弱的阳光下或通风较好的室内自然晒干，使白茸毛在茶的外表完整地保留下来，再用文火慢慢烘干。由于制作过程简单，以最少的工序进行加工，因此白茶在最大程度上保留了茶叶中的营养成分。

五、黄茶

黄茶（图1-5）属微发酵茶，集绿茶的清香、白茶的愉悦、黑茶的厚重和红茶的香醇于一体。最显著的特点就是"黄叶黄汤"。黄茶的制作与绿茶有相似之处，不同点是多了一道闷堆的工序。黄茶有芽茶与叶茶之分，对新梢芽叶有不同要求：除黄大茶要求有一芽四五叶新梢外，其余的黄茶都有对芽叶要求"细嫩、新鲜、匀齐、纯净"的共同点。

图1-5 黄茶

1. 品质特征

黄茶属于微发酵茶（发酵度为10%～20%），制造工艺类似于绿茶，具有黄叶黄汤的特点。

（1）颜色 干茶叶黄。

（2）原料 带有茸毛的芽头、芽叶。

（3）香味 清醇，滋味醇厚。

2. 制茶之道

黄茶的制作工艺一般包括杀青、闷黄、干燥三道工序。

（1）杀青 黄茶杀青前要磨光打蜡，杀青过程中动作要轻巧灵活，火温要"先高后低"，大概4～5min，待青气消失，散发出青草气即可。

（2）闷黄 这是黄茶制造工艺中区别于绿茶的独特工序，也是形成黄茶特点的关键。通过湿热作用，使茶叶内的成分发生化学变化，从而形成使茶色黄、汤黄的物质。

（3）干燥 黄茶的干燥过程需要分次进行，温度也比其他茶类偏低，一般控制在50～60℃。

3. 茶品分类

按其鲜叶的嫩度和芽叶大小，黄茶可分为黄芽茶、黄小茶和黄大茶三类。主要有湖南岳阳洞庭湖君山的君山银针、四川雅安名山县的蒙顶黄芽和安徽霍山的霍山黄芽。

4. 代表名茶

（1）君山银针 产于湖南省岳阳洞庭湖的君山，形似针，满披白毫，故称君山银针。其品质特征是：外形芽头肥壮挺直、匀齐、满披茸毛，色泽金黄光亮，有"金镶玉"之称；冲泡后，香气清鲜，汤色浅黄，叶底明黄。头泡时，茶芽竖立，冲向水面，继而徐徐下立于杯底，如群笋出土，金枪直立，汤色茶影，交相辉映，极为美观。

（2）北港毛尖 产于湖南省岳阳北港，鲜叶采摘标准为一芽二三叶。其品质特征是：外形条索结重实卷曲，白毫显露，色泽金黄；冲泡后，香气清高，滋味醇厚，汤色杏黄明澈，耐冲泡，三四次尚有余味。

（3）广东大叶青 产于广东韶关、肇庆、湛江等地，是黄大茶的代表品种之一。其品质特征是：外形条索肥壮卷曲，身骨重实，显毫，色泽青润带黄（或青褐色）；冲泡后，香气纯正，滋味浓醇回甘，汤色深黄明亮（或橙黄色），叶底浅黄色，芽叶完整。

六、黑茶

黑茶（图1-6）一般原料较粗老，加之制造过程中往往堆积发酵时间较长，因而叶色黝黑或黑褐，故称黑茶。存放时间越久，其味道越醇厚。黑茶采用的原料较粗老，因此成为压制紧压茶的主要原料。黑茶紧压茶主要销往西藏、内蒙古等地区，是少数民族地区不可或缺的饮品。

图1-6　黑茶

1. 品质特征

黑茶属于后发酵茶（发酵度为100%），是我国特有的茶类。

（1）颜色　干茶呈油黑或褐绿色。

（2）原料　花色、品种丰富，大叶种等茶树的粗老梗叶或鲜叶经后发酵制成。

（3）香味　醇厚浓郁，回甘好，有特殊的陈香味。

2. 制茶之道

黑茶的制作工艺一般包括杀青、揉捻、渥堆、干燥四道工序。

（1）杀青　黑茶鲜叶粗老，含水量低，需高温快炒，翻动快匀。

（2）揉捻　黑茶必须趁热揉捻，一般达到嫩叶成条、粗老叶成皱叠即可。

（3）渥堆　这是黑茶品质形成的关键工序，就是把经过揉捻的茶堆成大堆，人工保持一定的温度和湿度，用湿布或者麻袋盖好，使其经过一段时间的发酵，期间适时翻动1～2次。

（4）干燥　可用烘焙法，也可用晒干法。通过这一程序，黑茶形成了特有的油黑色和松烟香味，茶形也由此固定。

3. 茶品分类

按照产区的不同和工艺上的差别，黑茶可分为以下四种：湖南黑茶、湖北老青茶、四川边茶、云南黑茶。

（1）湖南黑茶　条索卷折成泥鳅状，色泽油黑，汤色橙黄，叶底黄褐，香味醇厚，具有松烟香。原产于湖南安化，品质以高家溪和马家溪为最佳。以湖南黑茶为原料制成的紧压茶有黑砖茶、青砖茶、茯砖茶等。

（2）湖北老青茶　又称湖北边茶，产于湖北省内蒲圻、咸宁、通山、崇阳、通城等地，有100多年的生产历史。它是压制青砖茶的原料。

（3）四川边茶　生产历史悠久，一般来说，雅安、天全、荥经等地所产的边茶专销康藏，称"南路边茶"，是压制砖茶和金尖茶的原料；都江堰、崇庆、大邑等地所产边茶专销川西北松潘、理县等地，称"西路边茶"，是压制茯砖茶和方包茶的原料。

（4）云南黑茶　统称普洱茶，是主产于云南思茅、西双版纳、昆明宜良的条形黑茶。历史上的普洱茶泛指原思茅区生产的，集中于普洱府所在地销售的，以云南大叶种晒青茶为原料，经过后发酵加工成的散茶和紧压茶。

4. 代表名茶

普洱茶（彩图6）产于云南省的西双版纳、思茅、下关、勐海等地。其品质特征是：外形条索肥壮紧结，色泽乌褐或褐红；冲泡后有独特的陈香，滋味陈醇，汤色红浓深厚，叶底肥嫩，黑褐或红褐色。其有生茶和熟茶之分：生茶，自然存放，长时间的缓慢自然发酵，也叫传统普洱茶（生普、生茶）；熟茶，人工催熟，经过人工促成后发酵办法生产的普洱茶及其压制成形的各种紧压普洱茶，也叫现代普洱茶（熟普、熟茶）。

拓展阅读

再加工茶

以各种毛茶或精制茶再加工而成的茶称为再加工茶，包括花茶、紧压茶、液体茶、速溶茶及药用茶等。

花茶是以茉莉、珠兰、桂花、菊花等鲜花经干燥处理后，与不同种类的茶坯拌和窨制而成的再制茶。花茶又名香片、香花茶，是我国独特的一种茶类。花茶使鲜花与嫩茶交融在一起，相得益彰，香气扑鼻，回味无穷。花茶按其茶叶种类可分为花绿茶、花红茶、花青茶三大类。

紧压茶是用黑茶、青茶等作为原料，经过蒸软后制成各种不同形状的再加工茶，由于此茶大部分销往边疆少数民族地区，故又称为"边销茶"。紧压茶按其制作工艺的不同可分为沱茶、砖茶、方茶、饼茶、圆茶等。

任务实施

茶叶的分类练习：老师准备若干种茶叶（六大茶类的代表茶），学生分组讨论、辨别各种茶叶，完成表1-1。

表1-1　茶叶的分类练习

基 本 茶 类	品 质 特 征	同 类 名 茶
绿茶		
红茶		
黄茶		
青茶		
白茶		
黑茶		

项 目	评价内容		组内自评	小组互评	教师点评
知识	应知应会	茶叶的命名	□优 □良 □差	□优 □良 □差	□优 □良 □差
		茶叶的分类	□优 □良 □差	□优 □良 □差	□优 □良 □差
能力	辨别六大茶类	品质特征	□优 □良 □差	□优 □良 □差	□优 □良 □差
		制茶之道	□优 □良 □差	□优 □良 □差	□优 □良 □差
		同类名茶	□优 □良 □差	□优 □良 □差	□优 □良 □差
态度	积极主动、热情礼貌		□优 □良 □差	□优 □良 □差	□优 □良 □差
	有问必答、耐心服务		□优 □良 □差	□优 □良 □差	□优 □良 □差
提升建议：			综合评价：□优　□良　□差		

课后练习

1. 划分茶叶种类的依据有哪些？
2. 分别介绍六大茶类的品质特征、制茶之道和同类名茶。

任务三　茶叶的鉴别与存放

任务描述

　　茶叶一般可用感官审评的方法进行鉴定，即运用视觉、味觉等器官，对茶叶固有的色、香、味、形等特征，用看、闻、摸、尝的方法进行判断。

　　茶叶很容易因温度、湿度、光线、氧气、水分和外来气味等因素，茶艺师的影响而发生不良变化，使茶汤失去饮用价值。因而一经感官鉴别确认其品级与真伪的茶叶，茶艺师即应按如下原则做出决定：良质的茶叶可供饮用和销售；次质的茶叶虽然也可以供人饮用，但应尽快售完，尤其是隔年的陈茶应限期销售和饮用；劣质的茶叶，像发霉变质、伪劣假冒的，应停止饮用和销售，一经发现应立即销毁。

任务目标

1. 了解茶叶鉴别的标准。
2. 熟练掌握茶叶常见的鉴别方法。
3. 掌握茶叶的存放方法。

项目一　认识茶叶

知识点 1　茶叶的鉴别

一、茶叶鉴别的方式

1. 理化审评

理化审评由国家茶叶质量监督检测中心作为茶叶审评机构，用仪器仪表分析化验等物理化学方法测定，在年检各地方抽样茶叶时使用。

2. 感观审评

感观审评即用手摸、眼看、嘴尝、鼻子嗅等方法来品评茶叶的质量和级别程度。

干茶的外形，主要从5个方面来看，即嫩度、条索、色泽、整碎度和净度。

（1）嫩度　"干看外形，湿看叶底"，锋苗好，白毫显露，表示嫩度好，做工也好。

（2）条索　长条形茶，看松紧、弯直、壮瘦、圆扁、轻重；圆形茶看颗粒的松紧、匀正、轻重、空实；扁形茶看平整光滑程度和是否符合规格。条索紧、身骨重、圆（扁形茶除外）而挺直，说明原料嫩，做工好，品质优；如果外形松、扁（扁形茶除外）、碎，并有烟、焦味，说明原料老，做工差，品质劣。

（3）色泽　红茶乌黑油润，绿茶翠绿，青茶青褐色，黑茶黑油色。好茶均要求色泽一致，光泽明亮，油润鲜活；如果色泽不一，深浅不同，暗而无光，说明原料老嫩不一，做工差，品质劣。

（4）整碎度　整碎就是茶叶的外形和断碎程度，以匀整为好，断碎为次。

（5）净度　看茶叶中是否混有茶片、茶梗、茶末、茶籽，是否混入竹屑、木片、石灰、泥沙等杂物。

二、常见的鉴别茶叶方法

（一）新茶与陈茶的鉴别

新茶与陈茶是相对的概念。一般从3月份开始，茶树陆续发芽抽生，新茶相继上市。陈茶因贮存时间长，茶叶在光、水、气、热的作用下，使叶内形成诸如酸类、醛类、酯类等的物质，影响茶叶的色、香、味，各种维生素等遭到破坏或氧化变质，致使茶叶失去光泽而变得灰暗，汤色混浊泛黄，香气低闷，条索松散，品质降低。所以，"茶以新为贵"。古往今来，人们对茶叶有"抢新""尝新"的习惯。

通常人们所说的新茶比陈茶好，只是相对而言，并不绝对。例如，一杯新炒好的龙井茶与一杯在干燥条件下存放1～2个月的龙井茶相比，虽然两者的汤色都清澈明亮，滋味都鲜醇回甘，叶底也都青翠细嫩，但是香气有别。未经存放过的龙井茶，闻起来略带青草气，而经过适时存放的龙井茶，闻起来却清香幽雅。因此，适当存放，对龙井茶而言，不但色味俱佳，而且还具香胜之美。又如产于闽、粤、台的青茶，只要保存得当，即使是隔年陈茶，同样具有香气馥郁、滋味醇厚的特点。

龙井茶、青茶的存放还有一定时间的限制，而广西的六堡茶、云南的普洱茶、湖北的茯砖茶却久藏不变，而且能提高茶叶的品质。因为这三种茶在存放过程中形成了两种气味：一是霉菌形成的霉气，二是陈化形成的陈气，两气相融，相互协调，结果产生了一种为消费者欢迎的特异气味，反而更受人们的欢迎。

鉴别新茶与陈茶，可以从三个方面综合考量。

1. 从茶叶色泽分辨

绿茶色泽青翠碧绿，汤色黄绿明亮；红茶色泽乌润，汤色橙红泛亮，是新茶的标志。茶在存放过程中，由于构成茶叶色泽的一些物质会在光、气、热的作用下缓慢分解或氧化，如绿茶中的叶绿素，会使原本绿茶色的汤色变得黄褐不清，失去了原有的新鲜色泽；红茶存放时间长，茶叶中的茶多酚产生氧化缩合，会使色泽变得灰暗，而茶褐素的增多也会使汤色变得混浊不清，同样会失去新红茶的鲜活感。

2. 从香气分辨

茶叶在存放过程中，构成产生茶叶香气的各种物质，既能不断挥发，又会分解氧化。因此随着时间的延长，茶叶的香气就会由浓变淡，香型就会由新茶时的清香馥郁变得低闷混浊。

3. 从茶叶滋味分辨

在存放过程中，茶叶中的酚类化合物、氨基酸、维生素等构成滋味的物质，有的分解发挥，有的缩合成不溶于水的物质，从而使可溶于茶汤中的有效滋味物质减少。因此，不管何种茶类，大凡新茶的滋味都醇厚鲜爽，而陈茶却显得淡而不爽。

总之，新茶都给人以色鲜、香高、味醇的感觉。而存放1年以上的陈茶，尽管保管良好，也难免会出现色暗、香沉、味薄之感。

此外，应注意区分"回笼茶"，即茶叶经过冲泡后的茶渣再经干燥，冒充商品茶出售。"回笼茶"虽然具有茶叶植物学的特征，但冲泡后汤色浅淡，香味淡薄，其内所含儿茶素、茶氨酸及咖啡因等成分大大低于正常茶叶。

拓展阅读

茶叶在存放过程中，如果受到温度、湿度、光照、氧气的过多影响，特别是在茶叶本身含水量高的情况下，易引起茶叶内含成分的变化，从而影响茶的色、香、味。

叶绿素是形成绿茶干茶色泽和叶底色泽的主要物质，叶绿素保留量越高，色泽越翠绿。当绿茶在存放过程中约有40%的叶绿素转化为脱镁叶绿素时，茶叶色泽仍然是翠绿的，但如有70%以上转化为脱镁叶绿素，就会出现显著的褐变。叶绿素的变化与光的照射、温度高低和茶叶本身含水量高低密切相关。

茶多酚是茶叶中重要的活性物质之一，加工中其变化对形成茶叶的色和味影响极大。在存放过程中，茶多酚的自动氧化仍在继续，尤其是在含水量高的情况下，茶多酚自动氧化聚合更快，可溶部分含量下降明显。茶多酚自动氧化生成醌类物质，易和氨基酸、蛋白质等结合，使茶汤滋味变得淡薄，失去鲜爽性；红茶汤色加深变暗，绿茶茶汤变成黄色、黄褐、褐色；叶底变得深暗。另外，原来存在于红茶中的茶黄素也会在温度较高、湿度较大的情况下与氨基酸进一步聚合，使含量下降，并且茶红素的含量同时下降，而茶褐素却随之增高，以致茶汤的密度、浓度、鲜爽度都降低，叶底变暗。维生素C是茶叶所含的重要保健成分，影响着茶叶的滋味。维生素C易被氧化，当其含量在80%时，茶叶的质量可以保证，当其含量低于60%时，茶叶的质量明显下降。

正如前述，由于茶多酚自动氧化的氧化物能与氨基酸结合，形成暗色的聚合物，因而茶叶在存放中氨基酸含量会减少。另外，氨基酸在一定的温、湿度条件下还会氧化、降解和转化，尤其是在夏季高温和多湿时更易发生。

（二）春茶、夏茶、秋茶的鉴别

由于茶树在生长发育周期内受气温、雨量、日照等季节气候的影响，以及茶树自身营养条件的差异，使得从茶树上采下来的鲜叶原料产生差异，由此加工而成的茶叶的自然品质也会有所不同。茶有春茶、夏茶与秋茶之分，主要是依据季节变化和茶树新梢生长的间歇性划分的。

在我国四季分明的长江中下游茶叶主产区，春茶、夏茶和秋茶通常以时间来划分，春茶是指当年5月底之前采制的茶叶；夏茶是指6月初至7月初采制的茶叶；7月中以后采制的当年茶叶就算秋茶了。由于茶季不同，采制而成的茶叶外形和内质有很明显的差异。

对绿茶而言，由于春季温度适中，雨量充沛，加上茶树经前一年秋冬季的休养生息，使得春梢芽叶肥壮，色泽翠绿，叶质柔软，幼嫩芽叶毫毛多，与品质相关的一些有效物质，特别是氨基酸及相应的全氮量和多种维生素富集，不但使绿茶滋味鲜爽，香气浓烈，而且保健作用也佳，因此春茶，特别是早期春茶往往是一年中品质最好的。许多名茶，诸如高级龙井、碧螺春、黄山毛峰、高桥银峰、君山银针、顾渚紫笋等，都是由春茶早期的幼嫩芽叶经精细加工而成的。所以，在我国历代文献中，多有"以春茶为贵"的记载。

夏季由于天气炎热，茶树新梢芽叶生长迅速，但很容易老化，使得能溶解于茶汤的水浸出物含量相对减少，特别是氨基酸及全氮量的减少，致使茶汤滋味不及春茶鲜爽，香气不如春茶浓烈。相反，由于带苦涩味的花青素、咖啡因、茶多酚含量比春茶高，不但使紫色芽叶增加，成茶色泽不一，而且滋味较为苦涩。

秋季气候条件介于春夏之间，茶树经春夏两季生长和采摘，新梢内含物质相对减少，叶张大小不一，叶色泛黄，茶叶的滋味和香气显得比较平和。

由于春茶期间温度低，湿度大，红茶发酵困难；夏茶期间气温高，有利于红茶发酵，茶叶中茶多酚、咖啡因含量明显增加，对形成更多的红茶色素极为有利，因此，由夏茶采制而成的红茶，干茶和茶汤色泽显得更为红润，滋味也比较强烈，但是夏茶氨基酸含量显著减少，这对形成红茶的鲜爽滋味又是不利的。

鉴别春茶、夏茶和秋茶，可以从干和湿两个方面去看。

（1）干看　主要从茶叶的外形、色泽、香气上加以判断。

绿茶色泽绿润，红茶色泽乌润，茶叶肥壮重实，或有较多毫毛，且条索紧结，珠茶颗粒圆紧，又香气馥郁者，乃是春茶的品质特征。

绿茶色泽灰暗或乌黑，红茶色泽红润，茶叶轻飘宽大，嫩梗宽长，且条索松散，珠茶颗粒松泡，香气略带粗老者，乃是夏茶的品质特征。

绿茶色泽黄绿，红茶色泽暗红，茶叶大小不一，叶张轻薄瘦小，香气较为平和者，乃是秋茶的品质特征。

另外，还可以结合偶尔夹杂在茶叶中的花、果来判断，如果发现有茶树幼果，其大小近似绿豆，那么可以判断为春茶，因为通常在 9 ～ 11 月是茶树的开花期，春茶期间正是幼果开始成长之际。若茶果大小如同佛珠一般，可以判断为夏茶。到秋茶时，茶树鲜果已差不多有桂圆大小了，一般不易混杂在茶叶中，但 7 ～ 8 月茶树花蕾已经形成，9 月开始又出现开花盛期，因此，凡茶叶中夹杂有花蕾、花朵者，乃秋茶。但通常在茶叶加工过程中，经过筛分、拣剔是很少混杂花、果的，因此必须进行综合分析，方可避免片面性。

（2）湿看　对茶叶进行开汤审评，通过闻香、尝味、看叶底做出进一步判断。

冲泡时茶叶下沉较快，香气浓烈持久，滋味醇厚；绿茶汤色绿中透黄，红茶汤色红艳现金圈；叶底柔软厚实，正常芽叶多者，乃春茶。

冲泡时茶叶下沉较慢，香气欠高；绿茶滋味苦涩，汤色青绿，叶底中夹有铜绿色芽叶；红茶滋味欠厚带涩，汤色红暗，叶底较红亮；叶底薄而较硬，对夹叶较多，叶脉较粗，叶缘锯齿明显，乃夏茶。

香气不高，滋味淡薄，叶底夹有铜绿色芽叶，叶张大小不一，对夹叶多，叶缘锯齿明显，当属秋茶。

知识点 2　茶叶的存放

茶叶极易吸湿、吸异味，同时在高温、高湿、阳光照射及氧气充足的条件下会加速茶叶内含成分的变化，降低茶叶品质。变质以后的茶叶变枯，香气滋味变劣，品质下降，严重影响茶叶的饮用价值。为了保持茶叶的品质不变，充分发挥茶叶的功效，有必要了解茶叶的特征，以便采取妥当的存放保管方法。茶叶的保管方法很多，有瓶罐保管法、真空常温保管法、低温冷藏保管法、干燥剂保管法等。无论采用哪一种方法，都要求包装材料无异味，具有良好的防潮性能。盛茶容器在使用上要尽可能封闭，减少与空气的接触，存放的地方要干燥、清洁、无异味接触。

1. 铁、瓷罐存放

选用市场上供应的马口铁或是瓷罐作为盛器。存放前，检查罐身与罐盖是否密闭，不能漏气。存放时，将干燥的茶叶装罐，罐要装实装严。采用这种方法比较方便，但不宜长期存放。

2. 热水瓶存放

选用保暖性能良好的热水瓶作为盛器。将干燥的茶叶装入瓶内，装实装足，尽量减少瓶内空气存留量，瓶口用软木塞盖紧，塞的边缘涂白蜡封口，再裹以胶布。由于瓶内空气少，温度稳定，这种方法保持效果比较好，且简便易行。

3. 陶瓷坛存放

选用干燥、无异味、密闭的陶瓷坛，用牛皮纸把茶叶包好，分置于坛的四周，中间嵌放生石灰袋一只，上面再放茶叶包，装满坛后，用棉花包盖紧。石灰袋隔 1 ～ 2 个月更换一次。这种方法利用生石灰的吸湿性能，使茶叶不受潮，效果较好，能在较长时间内保持茶叶的品质，特别是龙井、旗枪、大方等一些名贵茶叶，采用此法尤为适宜。

4. 食品袋存放

先用洁净无异味的白纸包好茶叶，再包上一层牛皮纸，然后装入一个无孔隙的塑料食品袋内，轻轻挤压，将袋内空气挤出，随即用细软绳子扎紧袋口。另取一个塑料食品袋，反套在第一个食品袋外面，同样轻轻挤压，将袋内空气挤压，再用绳子扎紧袋口；最后把它放入干燥、无味、密闭的铁桶内。

5. 低温存放

方法同食品袋存放，最后将扎紧袋口的茶叶放入冰箱内。袋内温度能控制在5℃以下，可存放一年以上。此法特别适宜存放名茶及茉莉花茶，但需防止茶叶受潮。

6. 石灰、木炭密封存放

利用石灰、木炭非常能吸潮的特性来存放茶叶。先用细布做成袋子，装入石灰块，置于用粗草纸垫好的瓦罐底部。再将木炭点燃，立即用火盆或铁锅覆盖，将其熄灭，待晾凉后用干净布将木炭包裹起来，放于盛茶叶的瓦罐中间。罐内的石灰块和木炭要根据潮湿情况及时更换。

7. 茶叶储藏室

（1）干燥法　在储藏室内的空处放上盛有石灰或木炭的容器，每隔一段时间检查石灰是否潮解，如果石灰潮解，应立即换掉，这样就能保持储藏室内的干燥。

（2）采用吸湿机除湿　此法对存放红茶更适宜。茶叶储藏室平时要少开门窗，如要换气，应选择晴天中午，开窗半小时，以利通气。茶叶放入储藏室时，要检查是否夹杂霉变茶叶，入仓后也要勤查，发现霉变茶叶后要及时清除，同时要找到霉变原因，并排除不良因素。吸湿机除湿，只有在储藏室封闭的情况下才能发挥作用，因此平时进出都要及时关闭门窗。

拓展阅读

1）高山茶、青茶、包种茶、龙井茶、碧螺春、白针银毫、东方美人、绿茶类等轻焙火茶的存放。挑选密封度好的茶叶罐、铝箔袋、脱氧真空包装，可以选择PC塑胶真空罐、马口铁罐、不锈钢、锡材质制的茶叶罐，避免阳光直射。这种方法效果较佳，可防潮，避免茶叶变质走味。一般轻焙火、香气重的茶叶因还有轻微水分会产生发酵，建议尽速泡完，短时间喝不完，可将茶叶密封，存放于冰箱中冷藏。

2）武夷岩茶、铁观音、陈年老茶等重焙火或普洱各种茶类的存放。存放重焙火茶时要先把茶叶烘焙得干一点，利于茶叶久放不变质。如果想要让茶叶回稳消其火味，瓷罐或陶罐都是很好的选择。普洱各种茶类如用陶罐、瓷罐存放，切记不要盖盖子，罐口用布盖上，让其通风。因为普洱各种茶类属于后发酵茶，需借由空气中的水分来进行发酵，自然陈化，放得越久，普洱茶的滋味就会变得越柔和，汤色越鲜红明亮，入口滑顺，生津回甘。茶叶罐应放在荫凉通风之处，保持干燥，避免阳光直射，不要放在有异味的储存柜或是跟有气味的东西放在一起，避免吸入异味。

任务实施

1. 教师准备几种茶叶让学生练习鉴别（可挑选当地特色茶叶的春茶、秋茶或新茶、陈茶）。
2. 实践保存茶叶的几种方法。

任务评价

项　目		评价内容	组内自评	小组互评	教师点评
知识	应知应会	茶叶的鉴别	□优　□良　□差	□优　□良　□差	□优　□良　□差
		茶叶的存放	□优　□良　□差	□优　□良　□差	□优　□良　□差
能力	茶叶鉴别	新茶、陈茶鉴别	□优　□良　□差	□优　□良　□差	□优　□良　□差
		春茶、夏茶、秋茶鉴别	□优　□良　□差	□优　□良　□差	□优　□良　□差
态度	积极主动、热情礼貌		□优　□良　□差	□优　□良　□差	□优　□良　□差
	有问必答、耐心服务		□优　□良　□差	□优　□良　□差	□优　□良　□差
提升建议：			综合评价：□优　　□良　　□差		

课后练习

1. 茶叶的鉴别方式有哪些？
2. 学会鉴别当地名茶。
3. 交流日常生活中见过的茶叶存放方法。

项目二 认识茶具和水

　　茶具是茶文化的重要载体。茶具，古时称茶器，泛指制茶、饮茶时使用的各种工具，现在指与泡茶有关的专门器具。随着茶文化的发展，茶具的种类、形态和内涵都有了新的发展，茶具带给大家的不仅是美味的茶汤，还有养眼、养心的精神享受。"茶滋于水，水籍乎器。"水为茶之母，器为茶之父，佳茗须有好水相配。佳茗、美器、好水三者结合，方能相得益彰。

任务一　茶具的分类与保养

任务描述

茶具是冲泡茶叶的载体。讲究品茶艺术的人不仅注重品茶的韵味，还强调好茶配好壶，两者犹如红花绿叶，相映生辉，所以不仅要学会选择好茶，还要会选配好的茶具，这样才能把茶香、茶韵发挥到极致。通过对这一任务的学习，学生将了解茶具的分类及保养知识。

任务目标

1. 了解茶具的分类。
2. 掌握各种茶具的特点。
3. 熟悉茶具的日常保养。

知识储备

知识点 1　茶具的分类

我国的茶具，种类繁多，造型优美，除具有实用价值外，还有颇高的艺术价值，因而驰名中外，为历代茶爱好者所青睐。茶具按质地可分为陶土茶具、瓷器茶具、漆器茶具、玻璃茶具、金属茶具、竹木茶具、搪瓷茶具等几大类。

1. 陶土茶具

陶土茶具是指以黏土为胎，经过手捏、轮制、模塑等方法加工成型后，在 800～1000℃高温下焙烧而成的物品。陶土茶具坯体不透明，有微孔，具有吸水性，叩之声音不清。陶器中的佼佼者首推宜兴紫砂茶具，早在北宋初期就已经崛起，成为别树一帜的优秀茶具代表，明代大为流行。紫砂茶具（图 2-1）造型美观大方，质地淳朴古雅，具有三大特点：泡茶不走味，贮茶不变色，盛暑不易馊。从而使它逐渐成为各种茶具中最惹人喜爱的瑰宝。

图 2-1　紫砂茶具

紫砂壶和一般陶器不同，其里外都不敷釉，采用当地的紫泥、红泥、团山泥专制焙烧而成。紫砂壶烧结密致，胎质细腻，又有肉眼看不见的细孔，经久使用还能吸附茶叶，蕴蓄茶味；紫砂壶传热慢，不烫手；热天盛茶，不易酸馊；冷热聚变，不会破裂；还可直接放在炉灶上煨炖。

人们一般认为，一件上好的紫砂茶具必须具有三美，即造型美、制作美和功能美，三者兼备方称得上是一件完善之作。具体来讲即容积和重量比例恰当，壶把提用方便，壶盖周围合缝，壶嘴出水流畅，色质和图案脱俗和谐，整套茶具将美观性和实用性融洽结合。

2. 瓷器茶具

瓷器是中国古代伟大的发明，瓷器发明之后，陶质茶具就逐渐被瓷器茶具所代替。如果说陶器茶具是宜兴紫砂一枝独放，那么瓷器茶具则是白瓷、青瓷和黑瓷三足鼎立。

（1）白瓷茶具　白瓷，早在唐代就有了"假玉石"之称，以江西景德镇最为著名。北宋以后，景德镇生产的瓷器质地光润，白里泛青，雅致悦目，技压群雄；到了元代，景德镇的青花瓷闻名于世；明、清两代白瓷茶具的制造工艺水平达到了一个高峰，所产的瓷器以"白如玉，薄如纸，明如镜，声如磬"而闻名。

图 2-2　白瓷茶具

白瓷茶具（图 2-2）有坯质细密透明，上釉、成陶火度高，无吸水性，音清而韵长等特色。因色泽皎白，能反映出茶汤色泽，传热、保温功能适中，加之色彩缤纷，外形各异，可谓品茶器皿中之珍品。

（2）青瓷茶具　青瓷于晋代开始发展，那时青瓷的主要产地在浙江。最流行的青瓷茶具是一种叫"鸡头流子"的有嘴茶壶。六朝以后，许多青瓷茶具都有了莲花纹饰。浙江龙泉哥窑所产的青瓷茶具胎薄质坚，釉层饱满，雅丽大方，被后代茶人誉为"瓷器之花"。弟窑生产的瓷器造型优美，胎骨厚实，釉色青翠，光润纯洁。粉青茶具酷似玉，梅子青茶具宛如翡翠，都是难得的瑰宝。

青瓷茶具以造型见长，以釉色取胜，以纹片著称，具有瓷器茶具的众多优点。因色泽青翠，用来冲泡绿茶，更能突出绿茶的汤色之美。

（3）黑瓷茶具　宋代福建斗茶之风盛行，斗茶者根据经验认为建安所产的黑瓷茶具最为适宜，因而驰名。这种黑瓷茶具风格独特，古朴雅致，而且瓷质厚重，保温性能好，深受斗茶行家喜爱。

黑瓷茶具瓷胎微厚，漆黑光亮，古朴雅致，而且瓷质厚重，保温性能较好，缺点是色泽单一，品茶时不利于鉴别汤色，可用来冲泡普洱等。

3. 漆器茶具

漆器茶具（图 2-3）始于清代，主要产于福建一带。采割天然漆树液汁炼制茶道器皿，掺进所需色料，制成绚丽夺目的器件。福州生产的漆器茶具多姿多彩，有"金丝玛瑙""釉变金丝""雕填""高雕""嵌白银"等名贵品种，鲜丽夺目，逗人喜爱。

图 2-3　漆器茶具

漆器茶具的优点是色彩鲜艳，深受年轻人喜欢，但是因为有漆的气味，制作成本高，所以制作漆器茶具的人越来越少。

4. 玻璃茶具

在现代，玻璃器皿（图 2-4）有了较大的发展。玻璃质地透明，光泽夺目，可塑性大。用玻璃杯泡茶，茶汤的鲜艳色泽、茶叶的细腻柔软、叶片的逐渐舒展等，均可以一览无余，可以

图 2-4　玻璃茶具

说是一种动态的艺术欣赏。特别是冲泡各种名茶时，茶具晶莹剔透，杯中轻雾飘纱，澄清碧绿，芽叶朵朵，亭亭玉立，观之赏心悦目，别有风趣。由于玻璃价廉物美，深受广大消费者的欢迎。玻璃茶具的缺点是容易破碎，传热快，易烫手。

5. 金属茶具

我国历史上还有用金、银、铜、锡等金属制作的茶具（图2-5），尤其是锡作为茶器材料有较大的优越性：锡罐多制成小口长颈，盖为筒状，密封性较好，因此对防潮、防氧化、防光、防异味都有较好的效果。

用金属制作的泡茶用具，一般评价不高，到了现代，金属茶具已很少用来泡茶。

图 2-5　金属茶具

6. 竹木茶具

隋唐以前，我国饮茶虽逐渐推广开来，但仍属粗放饮茶。当时的饮茶器具，除陶瓷器具外，民间多用竹木制作而成（图2-6）。陆羽在《茶经·四之器》中开列的24种茶具，多数是用竹木制作的。这种茶具的原材料来源广，制作方便，因此，自古至今一直受到茶人的欢迎。但竹木茶具易于损坏，不能长时间使用，无法长久保存。

图 2-6　竹木茶具

7. 竹编茶具

到了清代，在四川出现了一种竹编茶具（图2-7），它既是一种工艺品，又富有实用价值，主要品种有茶杯、茶盅、茶托、茶壶、茶盘等，多为成套制作。竹编茶具由内胎和外套组成，内胎多为陶瓷类饮茶器具，外套用精选慈竹，经多道工序，制成粗细如发的柔软竹丝，烤、染后，再按茶具内胎的形状、大小编织嵌合，使之成为整体如一的茶具。这种茶具不但色调和谐，美观大方，而且内胎受到很好的保护；同时，泡茶后不易烫手，并极具艺术欣赏价值。因此，多数人购置竹编茶具不在其用，而重在摆设和收藏。

图 2-7　竹编茶具

8. 搪瓷茶具

搪瓷茶具以坚固耐用、图案清新、轻便耐腐蚀而著称。它起源于古代埃及，后传入欧洲；但现在使用的铸铁搪瓷始于19世纪初的欧洲；搪瓷工艺在元代传入我国。明代景泰年间（1450—1456），我国创制了珐琅镶嵌工艺品景泰蓝茶具。清代乾隆年间（1736—1795），景泰蓝从宫廷流向民间，这可以说是我国搪瓷工业的肇始。

20世纪初，我国真正开始生产搪瓷茶具。在众多的搪瓷茶具中，有洁白、细腻、光亮可与瓷器媲美的仿瓷茶杯；有饰有网眼或彩色加网眼，且层次清晰，有较强艺术感的网眼花茶杯；

有式样轻巧、造型独特的鼓形茶杯和蝶形茶杯；还有能起保温作用，且携带方便的保温茶杯，以及可做放置茶壶、茶杯用的加彩搪瓷茶盘，受到不少茶人的欢迎。但搪瓷茶具传热快，易烫手，一般不做待客之用。

9. 其他茶具

中国历史上还有用玉石、水晶、玛瑙等材料制作的茶具，但总的来说，在茶具史上都居于次要地位。因为这些器具制作困难，价格高昂，并无多大实用价值，主要用作摆设。

拓展阅读

茶具与茶的适宜搭配

1）绿茶：透明玻璃杯，宜无色、无花、无盖，或用白瓷、青瓷、青花瓷无盖杯。

2）红茶：内挂白釉紫砂、白瓷、红釉瓷、暖色瓷的壶杯具、盖杯、盖碗或咖啡壶具。

3）青茶：紫砂壶杯具，或白瓷壶杯具、盖碗、盖杯为佳。

4）黄茶：奶白或黄釉瓷及黄橙色壶杯具、盖碗、盖杯。

5）白茶：白瓷或黑瓷茶具。

6）黑茶：紫砂茶具或白瓷茶具。

知识点2 茶具的保养

喝茶离不开茶具，茶具包括壶、碗、杯、盘、托等。古人讲究饮茶之道的一个重要表现，就是注重茶具本身的艺术。一套精致的茶具配上色、香、味三绝的名茶，可谓相得益彰，因此茶具是需要精心保养的。

保养茶具其实很简单，关键是养成好的习惯。在每次喝完茶后，要把茶叶倒掉，把茶具立即用清水冲洗干净。如果长期坚持这种习惯，即使不用任何清洗工具，茶具依然能保持明亮光泽。平时很少用的茶具应该清洗干净后打一层蜡，放在干燥的地方。

1. 茶具日常保养方法

1）彻底将壶身内外清洗干净。无论是新壶还是旧壶，保养之前要把壶身上的蜡、油、污、茶垢等清洗干净。

2）勤泡茶。泡茶次数越多，茶壶吸收的茶汁就越多，土胎吸收到一定程度，就会透到茶壶表面，发出润泽如玉的光芒。

3）切忌沾到油污。茶壶最忌油污，沾上油污后必须马上清洗，否则茶壶会留下油痕。

4）擦和刷都要适度。茶壶表面淋到茶汁后，用软毛小刷子刷洗，用水冲净，再用清洁的茶巾稍加擦拭即可，切忌用力搓洗。

5）喝完茶要清理晾干茶具。要将茶渣清理干净，以免产生异味。

6）给茶壶休息的时间。茶壶泡上一段时间后，需要给予一定的休息时间，使土胎自然彻底干燥，再使用时才能更好地吸收。

2. 紫砂壶的保养

（1）新壶的保养

1）新壶先用开水或温水冲洗，去除泥腥味。

2）新壶放入锅中，壶的内外均置茶叶，加水至淹没壶身，用温火煮大约 40min，然后把火熄灭，继续浸泡 8h 左右再取出，用热水冲洗干净。

3）每次泡茶时，内外须以热水浇冲，或以茶水浇冲，泡完茶之后，最好在 1h 内将壶内的茶渣清理完毕，用热水冲洗干净。

（2）日常保养

1）每次使用之前用温水冲洗干净。壶身可用养护刷保养。

2）专壶专用。如泡铁观音的绝对不能用来泡桂花或青茶。

3）饮茶结束，将茶叶倒掉，用温开水冲洗干净，倒放备用。

4）放置时要远离异味，置于干燥通风处。

5）平时干燥的壶可经常用软巾擦拭，也可将壶拿在手中把玩、抚摸，但手上不可有异味。

拓展阅读

　　茶壶的清理非常重要。有些人在泡完茶后，不好好清理茶壶，甚至以为茶壶不洗，沾满茶垢，表明这个茶壶已经用了很久，这是不正确的观点。茶壶每用一次就得清洗干净，并且要擦干，好好保管，要经常耐心地擦拭，持之以恒，自然能够如古玉生辉。这就是我们常说的养壶。

任务实施

1. 教师尽可能准备好各种材质的茶具，如陶土茶具、瓷器茶具、漆器茶具、玻璃茶具、金属茶具和竹编茶具等。学生分组归纳不同茶具的优缺点。

2. 每组挑选一种茶具，将归纳的材料组合成一篇 3～5min 的茶具介绍，在组内进行介绍。

任务评价

项　　目	评价内容		组 内 自 评	小 组 互 评	教 师 点 评
知识	应知应会	茶具分类	□优　□良　□差	□优　□良　□差	□优　□良　□差
		茶具保养	□优　□良　□差	□优　□良　□差	□优　□良　□差

项 目	评价内容		组内自评	小组互评	教师点评
能力	各种茶具的特点	陶土茶具	□优 □良 □差	□优 □良 □差	□优 □良 □差
		瓷器茶具	□优 □良 □差	□优 □良 □差	□优 □良 □差
		漆器茶具	□优 □良 □差	□优 □良 □差	□优 □良 □差
		玻璃茶具	□优 □良 □差	□优 □良 □差	□优 □良 □差
		金属茶具	□优 □良 □差	□优 □良 □差	□优 □良 □差
		竹编茶具	□优 □良 □差	□优 □良 □差	□优 □良 □差
态度	积极主动、热情礼貌		□优 □良 □差	□优 □良 □差	□优 □良 □差
	有问必答、耐心服务		□优 □良 □差	□优 □良 □差	□优 □良 □差
提升建议：			综合评价：□优 □良 □差		

课后练习

1. 生活中你还见过哪些材质的茶具？
2. 你所在地区的特色茶叶一般用什么材质的茶具冲泡？为什么？

任务二　茶具的选择及常见茶具

任务描述

随着社会的发展和茶类品种的增多，饮茶方法发生着改变，茶具品种更加丰富，通常分为主茶具和辅助茶具。学生通过本任务的学习，不仅要了解茶具选择标准，还需要掌握常见茶具的名称及作用，会根据实际情况选择适宜的茶具。

任务目标

1. 了解茶具的选择标准。
2. 知道常见茶具的名称。

知识储备

知识点 1　茶具的选择

茶与茶具的关系甚为密切，好茶必须用好茶具冲泡，才能相得益彰。茶具材料多种多样，造型千姿百态，纹饰百花齐放。究竟如何选用？这要根据各地的饮茶风俗习惯和饮茶者对茶具的审美情趣，以及品饮的茶类和环境而定。茶具的优劣，对茶汤质量和品饮者的心情会产生直接影响。那么应如何选择茶具呢？一般来说，现在通行的各类茶具中以瓷器茶具为最好，玻璃茶具次之。

1. 紫砂茶具的选择

1）用壶盖外侧轻敲壶身，听听是否有碎裂声。如果是噗噗的沉闷声，说明壶在烧制过程中烧得不够；如果声音很尖锐，说明烧得过头了。烧得"生"，茶壶会大量吸水、渗水；烧得太"熟"，又很容易碎裂。

2）把壶放在桌上，按按四角，看是否有跷动，壶盖和壶口是否紧密。一是保证牢固平稳，二是保证紧密，能保持水温、茶叶香。如果太松就不好，宁紧勿松。测验的方法是，可以在装满水后用手指按住气孔，如果倒不出水（称为"禁水"），就是好壶。

3）检查壶嘴的流水在出水时是否有溅射和打旋，在提高 30cm 左右倒水时突然把壶持平，看壶口下有没有滴水和水珠挂着。如果有以上现象，则是有缺陷的壶。

4）装满水后，一手拿着壶把，感觉手指是否不自在和吃力。壶的容量不一，应该根据自己品饮习惯及持壶力气的大小来选择。

5）打开盖子看看内壁是否干净光滑。壶身通向壶嘴的地方有单孔、多孔网状、球形网状几种。但孔太细或太粗都不好，前者流水慢，后者茶叶会进入嘴里。如果是网状，看是否太密太粗，否则不易清洗。

2．瓷器茶具的选择

1）检查瓷器的整体形状和外观质量。仔细观察瓷器的上下内外，要求形状规整，无变形、无缺损，清新秀丽，底部平整。瓷器的大小高低和谐一致，如选购碗杯，可一只只叠起来，看其间隔是否均匀，大小是否整齐一致。将茶具放在平面上，看是否会摇晃。再看外观质量，如釉面是否光洁润滑，有无擦伤痕、针孔、黑点、黄斑、气泡等。

2）检查瓷器的内在质量。将瓷器托起，用手轻轻弹扣瓷器，倾听发出的声音，如声音清脆悦耳，铿锵响亮，说明瓷胎密实，在高温烧制时瓷化完全，且瓷器完好无损；如声音沙哑，说明有隐裂或破损，不宜选购。

3）对配套的瓷器进行相互比较，看它们各配件的造型、图案和颜色是否协调一致，每件（套）瓷器之间相互比较，择优选购。

4）从使用效果考虑，进行试盖、试装、试套、试漏、试摆，检查盖子是否合适，套装的瓷器是否配套；有特殊功能要求的瓷器还要进行其他试漏或功能试验等。

3．玻璃茶具的选择

1）看材质。好的玻璃茶具是采用纯正的材质制作而成的，如果材质不纯，玻璃茶具上会产生纹、泡或者砂，这些瑕疵将大大影响玻璃的膨胀系数，甚至有些劣质的玻璃茶具稍有碰撞就会开裂；有时会因为温度变化引起玻璃自动炸裂。

2）看厚度。厚度最好是一致的。挑选的时候将玻璃茶具进行对光观察，如果各处光感一致，则说明厚度一致；如果各处存在明显的明暗差别，则说明厚度不一致。而平时使用的茶具应该挑选薄一些的，用手指轻弹四壁，有清脆悦耳的声音。

3）看外形。玻璃茶具不仅要选择实用的，还要看其美观性。玻璃茶具本身晶莹剔透，给人以美的享受，再配以优美的外形，让人赏心悦目。

4．金属茶具的选择

购买用来泡茶的金属茶具时，应仔细观察每一个接口处是否嵌接密致，整体线条是否流畅，并打开封盖闻一闻是否有异味。

5．竹木茶具的选择

仔细抚摸器物表面，看是否光滑，应没有刺头或者尖锐的地方，看器物内部，没有因储存不当而发生的霉变、开裂现象。

如果要存放茶叶，最好使用特制的茶叶罐，如铝罐、锡罐、竹罐，尽量不用玻璃罐、塑料罐，更不要长时间以纸张包装、存放茶叶。在比较正规的情况下，泡茶用具和喝茶用具往往要区分开。

为使茶汤的纯正味道得以发挥，茶杯应该选用紫砂陶茶杯和陶瓷茶杯。如果是为了欣赏茶叶的形状和茶汤的清澈，也可以选用玻璃茶杯。最好不要用搪瓷茶杯。如果喝茶时使用茶壶，最好茶杯、茶壶配套，尽量不要东拼西凑。

不要用破损、残缺、有裂纹、有茶锈或污垢的茶具待客。

知识点2　常见茶具

冲泡茶叶，除了好茶、好水外，还要有好的器皿。现代人所说的"茶具"，主要指茶壶、茶杯、茶勺等这类饮茶器具。茶具通常分为主茶具和辅助茶具。

（一）主茶具

主茶具包括茶壶、茶船、茶海、茶杯、盖碗、品茗杯、公道杯、闻香杯、水盂等。

1. 茶壶

茶壶（图2-8）是用以泡茶的器具。茶壶由壶盖、壶身、壶底和圈足4部分组成。壶盖有孔、纽、座、盖等细部。壶身有口、墙、嘴、流、腹、肩、把（柄、扳）等细部。由于壶的把、盖、身、形的细微差别，茶壶的形态有近200种。

2. 茶船

茶船（图2-9）是放置茶壶等的垫底茶具，既美观，又可防止烫坏桌面。也有仅放置茶杯的垫底茶具，叫茶盘。

图2-8　茶壶

3. 茶海

茶海（图2-10）用于盛放泡好的茶汤，再分倒各杯，使各杯茶汤浓度一致，沉淀茶渣。也可于茶海上覆一滤网，以滤去茶渣、茶末。没有专用的茶海时，可以用茶壶充当。

图2-9　茶船

图2-10　茶海

4. 茶杯

茶杯（图2-11）用来盛放泡好的茶汤。以陶制、瓷制、玻璃制品为常见。茶杯的种类颇多，各具特色。杯子上面最好上釉，以白色或浅色最好，这样的茶杯能更清楚地看到茶汤的汤色。

5. 盖碗

盖碗（图2-12）又称盖杯，分盖、杯身和杯托3部分。杯为反边敞口的瓷碗，主要用来泡茶。

图2-11　茶杯

图2-12　盖碗

6. 品茗杯

品茗杯（图2-13）常常与闻香杯配合使用，用于品尝青茶。

7. 公道杯

公道杯（图2-14）用来盛放泡好的茶，将茶水均匀地分到每个杯子里，使每个杯子里的茶汤浓度和口味相同。

8. 闻香杯

闻香杯（图2-15）是专门用于闻香的器皿，多在冲泡台湾高香的青茶时使用。

9. 水盂

水盂（图2-16）是用于盛放废水、茶渣等的器皿。

图2-13　品茗杯　　　　图2-14　公道杯　　　　图2-15　闻香杯　　　　图2-16　水盂

（二）辅助茶具

辅助茶具是指在煮水、备茶、泡饮等环节中起辅助作用的茶具，常用的有煮水器、茶道组（茶筒、茶则、茶匙、茶夹、茶漏、茶针）、茶荷、茶巾、滤器、茶叶罐等。

（1）茶道组（图2-17）多为筒状，以竹质、木质为多。茶道组具体包括的器具有茶筒、茶则、茶匙、茶夹、茶针和茶漏，也称茶道六用、茶道六君子。

1）茶筒是用来盛放冲泡所需用具的容器。

2）茶则（图2-18）是把茶叶从盛茶用具中取出的工具，多用来盛放青茶中的球形、半球形茶。

图 2-17　茶道组

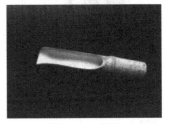

图 2-18　茶则

3）茶匙（图2-19）是协助茶则将茶叶拨入泡茶器中的工具。

4）茶夹（图2-20）作为手的延伸，用来夹取闻香杯和品茗杯或者茶漏；放置壶口处，防止茶叶外漏。

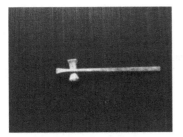

图 2-19　茶匙

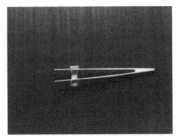

图 2-20　茶夹

5）茶针（图2-21）用来疏通壶嘴和刮去浮沫。

6）茶漏（图2-22）。置茶时，将其放在壶口上，以导茶入壶，防止茶叶外漏。

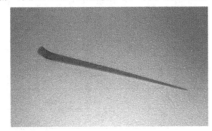

图 2-21　茶针

图 2-22　茶漏

（2）茶荷（图2-23）　将茶叶从茶叶罐中取出放在茶荷中以供观赏，便于闻干茶的香气。

（3）茶巾（图2-24）　用来擦去茶具和桌上的水渍。

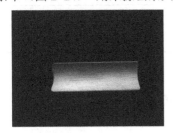

图 2-23　茶荷

图 2-24　茶巾

（4）煮水器（图2-25）也称随手泡，主要用于煮开和盛放泡茶用水。

（5）滤器（图2-26）出茶汤时放置在公道杯上，使茶汤与茶渣分离。

图 2-25　煮水器

图 2-26　滤器

（三）日常保养

1）闻香杯、品茗杯、公道杯，可直接用温水清洗干净后放入沸水中进行消毒。

2）瓷制茶具，可直接用洗涤剂清洗，无异味后进行消毒。

3）茶船，直接清洗干净，擦干。

4）茶巾，定期清洗、消毒、晾干、备用。

5）茶道组，用后清洗、擦干即可，不能有异味。

6）煮水器，保持外部光亮、清洁；定期进行内部清洗；掌握正确的使用方法。

任务实施

1．熟悉常见茶具的名称和用途。

2．以青茶为例，讨论适合冲泡的用具。

任务评价

项　目		评价内容	组内自评	小组互评	教师点评
知识	应知应会	茶具名称	□优　□良　□差	□优　□良　□差	□优　□良　□差
		茶具用途	□优　□良　□差	□优　□良　□差	□优　□良　□差
能力	茶具的选择和保养	紫砂茶具	□优　□良　□差	□优　□良　□差	□优　□良　□差
		玻璃茶具	□优　□良　□差	□优　□良　□差	□优　□良　□差
		金属茶具	□优　□良　□差	□优　□良　□差	□优　□良　□差
		瓷器茶具	□优　□良　□差	□优　□良　□差	□优　□良　□差
		竹木茶具	□优　□良　□差	□优　□良　□差	□优　□良　□差
		日常保养	□优　□良　□差	□优　□良　□差	□优　□良　□差
态度	积极主动、热情礼貌		□优　□良　□差	□优　□良　□差	□优　□良　□差
	有问必答、人性化服务		□优　□良　□差	□优　□良　□差	□优　□良　□差
提升建议：				综合评价：□优□良□差	

任务三　泡茶用水及基础知识

任务描述

水为茶之母，器为茶之父。好茶必须通过水的冲泡才能为人们享用，水的好坏直接影响茶汤的质量，是茶色、香、味、形的体现者。中国饮茶史上历来有"得佳茗不易，觅美泉尤难"的说法，可见佳茗必须有好水相配。通过本任务的学习，学生应了解不同的水质对茶味的影响，能正确选择泡茶用水。

任务目标

1. 掌握泡茶用水的选择。
2. 掌握泡茶的基本知识。

知识储备

知识点 1　泡茶用水的种类

泡茶用水自古以来就是茶人关注的重点和兴趣所在。陆羽曾在《茶经》中明确指出："其水，用山水上，江水中，井水下。"从中不难看出，山中水是上品，江河水为中品，井水则是下品。那对于现代人来说，有哪些水适宜泡茶呢？

1. 山泉水

一般来说，在天然水中，泉水是比较清爽的，杂质少，透明度高，污染少，水质最好。但是，由于水源和流经途径不同，其溶解物、含盐量与硬度等均有差异，因此并不是所有泉水都是优质的。有些泉水已失去饮用价值。尽管山泉水泡茶最便宜，但身居城市之中，能偶得甘泉配佳茗，固是享受，但也不必强求。

2. 江河水、井水

因现代工业的污染，江河水直接用来饮用已不可能。而井水属地下水，是否适宜泡茶不可一概而论，有些井水，水质甘美，是泡茶的好水。一般来说，深层地下水有耐水层的保护，污染少，水质洁净；而浅层地下水易被污染，水质较差。出于保护地下水资源的需要，在大、中城市开采地下水是不提倡甚至是不允许的。

3. 雨水、雪水

古人称雨水、雪水为"天泉"。但现在空气污染严重，雨水、雪水不再适宜饮用。

4. 自来水

对于现代都市人来说，使用最方便的莫过于自来水了。自来水一般都经过人工净化，无论是江水、河水还是湖水，只要消毒处理过，都适合泡茶。但自来水中用过氯化物消毒，气味较重，用自来水泡茶，必然会影响茶的品质，破坏茶味。因此在使用自来水时，需经过适当的净化处理。简单的方法就是，将自来水贮存在缸中，静置一昼夜，待氯气自然逸失，再用来煮沸泡茶。

5. 矿泉水

一般来说，现在市面上出售的桶装矿泉水不一定适合泡茶，因为水中矿物质的增加，会影响水质本身的口感，若以此泡茶，未必能泡出茶之真味。若选用桶装矿泉水，要注意水的pH应在7.2以下，水质较为甘滑，宜于茶性发挥。若pH较高，不仅水的口感不佳，而且易使茶汤颜色变重。

6. 纯净水、蒸馏水

目前，城市中许多家庭饮用桶装纯净水、蒸馏水，水质绝对纯正。但水中一些对茶有益的矿物质也失去了，含氧量少，缺乏活性。用纯净水泡茶，对茶汤表现毫无增减作用。

知识点 2　泡茶用水的标准

1. 古代泡茶用水的标准

自古以来，历代茶人都充分认识到泡茶之水的重要性。宋徽宗赵佶在《大观茶论》中写道："水以清、轻、甘、冽为美。轻甘乃水之自然，独为难得……但当取山泉之清洁者。"他最先把"美"和"自然"的理念引入鉴水之中，升华了品茗的内涵。后人在他的基础上又加入了一个"活"字，确定了宜茶美水的标准：水质要清；水体要轻；水味要甘；水温要冽；水源要活。

（1）水质要清　水之清表现为"朗也、静也、澄水貌也"。水清则无杂、无色、透明、无沉淀物，最能显出茶的本色，故清澄明澈之水称为"宜茶灵水"。

（2）水体要轻　明朝末年无名氏著的《茗芨》中论证说："各种水欲辨美恶，以一器更酌而称之，轻者为上。"清代乾隆皇帝很赞同此说法，无论到哪里出巡，都要命人带一银斗，以便称量比较水之轻重。北京玉泉的水最轻，被御封"天下第一泉"。现代科学也证明，水的比重大，说明溶解的矿物质多，矿物质超标对茶汤的味道会有不良影响。

（3）水味要甘　味美者曰甘泉，气芬者曰香泉。用此等水泡茶，味道自然好。

（4）水温要冽　冽即冷寒之意，"泉不难于清，而难于寒""冽则茶味独全"，寒冽之水多出于地层深处的泉脉中，污染少，所泡茶汤滋味纯正。

（5）水源要活　"流水不腐，户枢不蠹"，在流动的水中，细菌不宜繁殖，同时活水有自然净化的作用，氧气含量也高，泡出的茶汤鲜爽可口。

2. 现代泡茶用水的标准

水质的优劣是有客观标准的，它只能由实践来检验。古人因限于历史条件，无论以水源来判别，以味觉、视觉来判别，还是以水的轻重来判别水质优次，都不无道理，但均存在一定的局限性和片面性。只有通过测定饮用水的物理性质和化学成分，才能科学地鉴定水质。鉴定水质常用的主要指标有：

（1）悬浮物　指经过滤后分离出来的不溶于水的固体混合物。若用含悬浮物较多的水来泡茶，将直接影响茶汤的色、香、味。

（2）溶解固形物　指水中溶解的盐类和有机物的总称。

（3）硬度　通常指天然水中最常见的金属离子钙、镁的含量。

（4）碱度　是表征水吸收质子的能力的参数。

（5）pH　表示溶液酸碱度。

知识点 3　泡茶的基本知识

泡茶技术包括三个要素：第一是茶叶用量，第二是泡茶水温，第三是冲泡时间。茶叶用量就是每杯或每壶中放适当分量的茶叶；泡茶水温就是用适当温度的开水冲泡茶叶；冲泡时间包含两层意思，一是将茶叶泡到适当的浓度后倒出开始饮用的时间，二是指有些茶叶要冲泡数次，每次需要泡多久。

1. 茶叶用量

要泡好一杯茶或一壶茶，首先要掌握茶叶用量。每次茶叶用多少，并没有统一标准，主要根据茶叶种类、茶具大小以及消费者的饮用习惯而定。

茶叶种类繁多，茶类不同，用量各异。如冲泡一般红茶、绿茶，茶与水的比例大致掌握在 1:50 ～ 1:60，即每杯放 3g 左右的干茶，加入沸水 150 ～ 200mL。如饮用普洱茶，每杯放干茶 5 ～ 10g。如用茶壶，则按容量大小适当掌握。用茶量最多的是青茶，每次投入量几乎为茶壶容积的 1/2，甚至更多。

用茶量的多少与消费者的饮用习惯也有密切关系。在西藏、新疆、青海和内蒙古等地区，人们以肉食为主，少食蔬菜，因此茶叶成为生理上的必需品。他们普遍喜饮浓茶，并在茶中加糖、加乳或加盐，故每次茶叶用量较多。华北和东北广大地区的人们喜饮花茶，通常用较大的茶壶泡饮，茶叶用量较少。长江中下游地区的消费者主要饮用绿茶或龙井、毛峰等名优茶，一般用较小的瓷杯或玻璃杯，每次用量不多。福建、广东、台湾等地区，人们喜饮工夫茶。茶具虽小，但用茶量较多。

茶叶用量还同消费者的年龄结构与饮茶历史有关。中老年人往往饮茶年限长，喜喝较浓的茶，故用量较多；年轻人初学饮茶的多，普遍喜爱较淡的茶，故用量较少。

总之，泡茶用量的多少，关键是掌握茶与水的比例，茶多水少，则味浓；茶少水多，则味淡。

2. 泡茶水温

古人对泡茶水温十分讲究。宋代蔡襄在《茶录》中说："候汤最难，未熟则沫浮，过熟则茶沉，前世谓之蟹眼者，过熟汤也。沉瓶中煮之不可辨，故曰候汤最难。"明代许次纾在《茶疏》中说得更为具体："水一入铫，便需急煮，候有松声，即去盖，以消息其老嫩。蟹眼之后，水有微涛，是为当时；大涛鼎沸，旋至无声，是为过时；过则汤老而香散，决不堪用。"以上说明，泡茶烧水，要大火急沸，不要文火慢煮。以刚煮沸起泡为宜，用这样的水泡茶，茶汤香味皆佳。如水沸腾过久，即古人所称的"水老"。此时，溶于水中的二氧化碳挥发殆尽，泡茶的鲜爽味便大打折扣。未沸滚的水，古人称为"水嫩"，也不适宜泡茶，因水温低，茶中有效成分不易泡出，使香味低淡，而且茶浮水面，饮用不便。

泡茶水温的掌握，主要依茶的种类而定。高级绿茶，特别是各种芽叶细嫩的名茶（绿茶类名茶），适宜用 80℃ 的水冲泡，不能用 100℃ 沸滚开水冲泡。有时为了保持和提高水温，还要在冲泡前用开水烫热茶具，冲泡后在壶外淋开水。如饮用砖茶，则要求水温更高，将砖茶敲碎，放在锅中熬煮。

一般来说，泡茶水温与茶叶中有效物质在水中的溶解度呈正相关，水温愈高，溶解度愈大，茶汤就愈浓；反之，水温愈低，溶解度愈小，茶汤就愈淡。一般 60℃ 温水的浸出量只相当于 100℃ 沸水浸出量的 45% ～ 65%。

这里必须说明一点，上面谈到的高级绿茶适宜用 80℃ 的水冲泡，这通常是指将水烧开之后（水温达 100℃），再冷却至所要求的温度。如果是用无菌生水，则只要烧到所需的温度即可。

3. 冲泡时间和次数

茶叶冲泡的时间和次数，差异很大，与茶叶种类、泡茶水温、用茶数量和饮茶习惯等都有关系，不可一概而论。

如有茶杯泡饮普通的红茶、绿茶，每杯放干茶 3g 左右，用沸水 150 ～ 200mL 冲泡，加盖 4 ～ 5min 后便可饮用。这种泡法的缺点是：如果水温过高，容易烫熟茶叶（主要指绿茶）；

水温较低，则难以泡出茶叶；而且因水量多，往往一时喝不完，浸泡过久，茶汤变冷，色、香、味均受影响。改良冲泡法是：将茶叶放入杯中后，先倒入少量开水，以浸没茶叶为度，加盖 3min 左右，再加开水到七八成满，便可趁热饮用。当喝到杯中尚余 1/3 左右的茶汤时，再加开水，这样可使前后茶汤浓度达到均匀。据测定，一般茶叶泡第一次时，其可溶性物质能浸出 50% ~ 55%；泡第二次，能浸出 30% 左右；泡第三次，能浸出 10% 左右；泡第四次，则所剩无几了。所以，通常以冲泡 3 次为宜。

如饮用颗粒细小、揉捻充分的红碎茶、绿碎茶，用沸水冲泡 3 ~ 5min 后，其有效成分大部分浸出，便可一次快速饮用。饮用速溶茶，也宜采用一次冲泡法。

品饮青茶多用小型紫砂壶。在用茶量较多（约半壶）的情况下，第一泡 1min 就要倒出来，第二泡 1min15s（比第一泡增加 15s）；第三泡 1min40s，第四泡 2min15s。也就是从第二泡开始逐渐增加冲泡时间，这样前后茶汤浓度才比较均匀。

泡茶水温的高低和用茶数量的多少，也决定了冲泡时间的长短。水温高，用茶多，冲泡时间宜短；水温低，用茶少，冲泡时间宜长。冲泡时间以茶汤浓度适合饮用者的口味为标准。

据研究，绿茶经一次冲泡后，各种有效成分的浸出率是大不相同的。氨基酸是茶叶中最易溶于水的成分，一次冲泡的浸出率高达 80% 以上；其次是咖啡因，一次冲泡的浸出率近 70%；茶多酚一次冲泡的浸出率较低，约为 45%；可溶性糖的浸出率更低，通常少于 40%。红茶在加工过程中揉捻程度比绿茶充分，尤其是红碎茶颗粒小，细胞破碎率高，所以一次冲泡的浸出率往往比绿茶高得多。目前，国内外日益流行袋泡茶。袋泡茶既饮用方便，又可增加茶中有效物质的浸出量，提高茶汤浓度。据比较，袋泡茶比散装茶冲泡有效物质浸出量高 20% 左右。

任务实施

教师尽可能地准备各类茶具，让学生辨认、归类并讲出此类茶具的保养方法和选择标准。

任务评价

项　　目		评价内容	组内自评	小组互评	教师点评
知识	应知应会	泡茶用水的种类	□优　□良　□差	□优　□良　□差	□优　□良　□差
		泡茶用水的标准	□优　□良　□差	□优　□良　□差	□优　□良　□差
能力	泡茶知识	茶叶用量	□优　□良　□差	□优　□良　□差	□优　□良　□差
		泡茶水温	□优　□良　□差	□优　□良　□差	□优　□良　□差
		冲泡时间和次数	□优　□良　□差	□优　□良　□差	□优　□良　□差
态度	积极主动、热情礼貌		□优　□良　□差	□优　□良　□差	□优　□良　□差
	有问必答、人性化服务		□优　□良　□差	□优　□良　□差	□优　□良　□差
提升建议：				综合评价：□优　□良　□差	

课后练习

1. 泡茶应该选用什么样的水？
2. 怎样才能泡出一杯好茶？
3. 能够选择合适的茶具和水冲泡家乡的特色茶叶。

项目三　茶艺接待服务与礼仪

礼仪是在人际交往中，以一定的、约定俗成的程序方式来表现的律己、敬人的过程，涉及穿着、交往、举止等内容。服务礼仪则是各服务行业人员必备的素质和基本条件。出于对客人的尊重与友好，在服务中要注重仪表、仪容、仪态和语言、操作的规范，要求服务员发自内心地热忱地向客人提供主动、周到的服务，从而表现出服务员良好的风度与素养。茶艺服务礼仪是指茶艺师在服务过程中的礼貌和礼节，包括服务过程中的仪容仪表、接待礼节、服务语言等内容，是茶艺过程中至关重要的内容和环节之一，也是茶艺师最基本的修养要求。

任务一　茶艺师的仪容仪表

任务描述

在人际交往中，每个人的仪容仪表都会引起交往对象的关注，并会影响到对方对自己的整体评价。仪容通常指人的外表、外貌，其中的重点则是人的容貌。仪表是人的外表的综合，它包括人的形体、容貌、姿态、举止、服饰、风度等方面，是人举止风度的外在体现。茶艺师拥有较好的仪容仪表，不仅能增强其自身自豪感和自信心，而且也体现出对客人的尊重，从而提升茶艺企业的整体形象。

任务目标

1. 了解茶艺师仪容仪表要求，以良好的职业形象展示茶艺企业的精神风貌。
2. 掌握茶艺师服务礼仪规范，以端庄、美好、整洁的形象接待客人，从而提高工作效率。

知识储备

知识点 1　茶艺师的着装

服装，大而言之是一种文化，它反映了一个民族的文化素养、精神面貌和物质文明发展的程度；小而言之，服装是一种"语言"，它能反映出一个人的职业、文化修养和审美意识，也能表现出一个人对自己、对他人甚至对生活的态度。着装的原则应是得体和谐。

在泡茶过程中，如果服装颜色、式样与茶具环境不协调，那么这种"品茗环境"是不优雅的。如果茶艺师非常细心，又有足够的精力，还会考虑季节与场合的变化。春天到来，穿着新鲜的浅色衣服；寒冷的冬天，穿着看起来温暖的深色衣服等，都是合适的选择。

茶艺师的服装不宜太鲜艳，要与环境、茶具相匹配，品茶需要一个安静的环境、平和的心态。如果茶艺师服装颜色太鲜艳，会破坏和谐、优雅的气氛，使人产生浮躁不安的感觉。另外，服装式样以中式为宜。袖口不宜过宽，否则会沾到茶具上或是给人一种不卫生的感觉。服装要经常清洗，保持整洁。

拓展阅读

茶艺表演中的服装选择

1. 服务原则

服务原则通常依据穿衣目的而定。茶艺师着服饰动态演示，并不完全是为了体现茶艺师的形象美，更是为了体现茶席设计的主题思想及茶席物象的风格特征。因此，在服饰的选择与搭配上，无论是面料、款式、色彩、搭配，还是做工，都要考虑从茶席设计的主题出发。服饰选择与搭配的原则还体现了设计者对茶席设计主题思想的理解程度和表现能力。理解越准确，其服饰的表现力就越强、越典型。

2. 整体原则

整体原则是要求事物形态具有完整性。服饰的完整性要有全面、整体的考虑，不能把上衣下裳、穿鞋戴帽、衬里外套等分开选择与搭配。例如，在款式上，上衣宽大，下裳必长瘦；裙、裤宽长，上衣必短小、紧束。又如，在色彩上，无论是统一色还是非统一色，都要给人以一种完整的感觉。

3. 体型原则

体型原则指根据穿着者的高矮、胖瘦，四肢的长短、粗细等来进行服饰的选择与搭配。虽然服务原则已决定了服饰选择与搭配的目标，但人的体型各不相同，这就要根据体型从款式结构和色彩上进行相应的调整，以达到扬长避短的效果。

知识点 2　茶艺师的发型

茶艺师的发型要求与其他岗位有一些区别。茶艺师的头发应梳洗干净、整齐，而且头部向前倾时，避免头发散落到前面来，这样会影响操作，挡住视线。泡茶时，如果有头发掉落到茶具或操作台上，客人会感觉很不卫生。如果是长发，泡茶时要将头发束起，否则将会影响操作。

发型原则上要根据自己的脸形进行设计，要适合自己的气质，给人一种舒适、整洁、大方的感觉。不论头发长短，都要按泡茶时的要求进行梳理。

知识点 3　茶艺师的手形

作为茶艺师，首先要有一双纤细、柔嫩的手，平时注意适当的保养，指甲要及时修剪整齐，保持干净。因为在泡茶的过程中，客人的目光会始终停留在茶艺师的手上（图 3-1），赏看泡茶的全过程，因此服务人员的手极为重要。

图 3-1　茶艺师的手形

手上一般不要带饰物，因为如果佩戴很"出色"的首饰，会有喧宾夺主的感觉，显得不够高雅，而且体积太大的戒指、手链也容易敲击到茶具，发出不协调的声音。手指甲不要涂颜色，否则会给人一种夸张的感觉。茶艺操作过程中，手部担任主角的地位，主持者双手操作一切，拿茶壶或其他茶具。如果手没洗干净，很可能污染茶叶与茶具。

知识点 4　茶艺师的面容

茶艺表演是一种淡雅的事物，脸部的化妆不要太浓，也不要喷味道强烈的香水，否则茶香会被破坏，影响品茶时的感觉。为客人泡茶时，可淡妆。面部平时要注意护理、保养，保持清新健康的肤色。在为客人泡茶时，面部表情要平和放松，面带微笑。

1. 茶艺师日常职业妆操作步骤

（1）上妆步骤　清洁→爽肤水→乳液→眼霜→面霜→隔离霜→粉底液→遮瑕霜→粉饼→眼影→眼线→眉毛→腮红→散粉定妆→睫毛膏→唇彩。

（2）卸妆步骤　眼唇卸妆→面部卸妆→清洁→爽肤水，开始保养或者敷面膜。

2. 茶艺师职业妆操作解析

1）洁面：用有效的清洁用品彻底清洁皮肤。

2）护肤：涂抹能改善并保护皮肤的护肤品，如紧肤水或爽肤水、面霜、眼霜。

3）打粉底：选用接近自己肤色的粉底霜，由上往下，轻压细抹。

4）扑干粉：扑干粉以定妆，固定粉底，防止脱妆，使整个脸色柔和。

5）修眉：对眉形做适当的修整后进行画眉，使眉毛均匀、眉形自然。

6）眼影、眼线：眼影要柔和淡雅，过渡自然。眼线要紧贴睫毛根，不宜太重太粗。

7）涂腮红：将面部两颊均匀地晕染一层淡红色，呈现健康、美丽的效果。

8）涂口红：先用唇线笔描画，再用唇刷或口红棒涂抹。

拓展阅读

　　在使用化妆品时，应当有所选择，同时要警惕化妆品引起的接触性皮炎，即通常所说的化妆品皮炎。需要注意如下几点：

　　1）凡有过敏史的过敏体质者要谨慎使用化妆品，特别要对新品牌的化妆品提高警惕，先做斑贴试验或先试用 1～2 次，若无过敏反应或炎症，方可购买使用。

　　2）由于加入香料、调色剂与防腐剂的化妆品所引起的接触性皮炎发生率高，因而在购买化妆品时了解其成分，尤其是过敏体质的人要注意这点，最好选用那些无香料、无色及无防腐剂的化妆品，以降低化妆品皮炎的发生率。

　　3）无论是否为过敏体质，一旦在使用化妆品的过程中出现皮肤的局部损害或伴随瘙痒，应立即停止使用，并在医生的指导下局部或全身用药，以免炎症反复、加重，导致形成慢性损害或严重病损。

知识点 5　茶艺师的举止

　　举止是指人的动作和表情，日常生活中人的一举手一投足、一颦一笑。举止是一种无形的"语言"，它反映了一个人的素质、受教育的程度以及能够被人信任的程度。

　　对于茶艺师来讲，在为客人泡茶过程中的一举一动尤为重要，就拿手的动作来说，如果左手趴在桌上，右手泡茶，看起来显得很懒散；右手泡茶，左手不停地动，又会给人一种紧张的感觉；一手泡茶，一手垂直吊在身旁，从对方看来，就像缺了一只手，故不用的手应自然放在操作台上。在放置茶叶时，为了看清茶叶放的量，把头低下来往壶内看是不够文雅的；有时担心泡过头，眼睛盯着计时器看时间，也是不好的举动；弯着身体埋头苦干，则给人感觉不够开朗，待客不够亲切。泡茶时，身体尽量不要倾斜，避免给人失重的感觉。

1. 站姿

优美而典雅的站姿是体现茶艺师自身修养的一个方面，是体现服务人员仪表美的起点和基础。

站姿的基本要求是：站立时直立站好，从正面看两脚脚跟相靠，脚尖开度在 45°～60°；身体重心线应在两脚中间向上穿过脊柱及头部，双腿并拢直立，挺胸，收腹，提臀。双肩平正，自然放松，双手自然交叉于腹前，双目平视前方，嘴微闭，面带笑容。

2. 坐姿

由于茶艺工作内容所决定，茶艺师在工作中要经常为客人沏泡各种茶，有时需要坐着进行，因此良好的坐姿显得尤为重要。

正确的坐姿是：挺胸，收腹，头正肩平，肩部不能因为操作动作的改变而左右倾斜，双腿保持并拢。双手不操作时，平放在操作台上，面部表情轻松愉悦，自始至终面带微笑。

3. 走姿

人的正确走姿是一种动态的美，茶艺师在工作时经常处于行走的状态中。每位服务人员在生活中形成了各种各样的行走姿态，或多或少地影响了人体的动态美感。因此，要通过正规训练，掌握正确优美的走姿，并运用到工作中去。

走姿的基本方法和要求是：上身正直，目光平视，面带微笑；肩部放松，手臂自然前后摆动，手指自然弯曲；行走时身体重心稍向前倾，腹部和臀部要向上提，由大腿带动小腿向前迈进；行走轨迹为直线。步速和步幅也是行走姿态的重要方面。由于茶艺工作的性质所决定，茶艺师在行走时要保持一定的步速，不要过急，否则会给客人不安静或急躁的感觉。步幅是指每一步前后脚之间的距离，一般步幅不要过大，否则会给客人带来不舒服的感觉。

总之正确的站姿、坐姿和走姿是形成优雅举止的一个重要环节和基础，也是使客人在品茶的同时得到感官享受的重要方面。

任务实施

1. 根据站姿、坐姿和走姿的具体要求，进行练习并展示。
2. 学习化茶艺师日常职业妆。

任务评价

项　　目	评价内容		组内自评	小组互评	教师点评
知识	应知应会	着装要求	□优　□良　□差	□优　□良　□差	□优　□良　□差
		发型要求	□优　□良　□差	□优　□良　□差	□优　□良　□差
		手部要求	□优　□良　□差	□优　□良　□差	□优　□良　□差
能力	仪容仪表展示	站姿	□优　□良　□差	□优　□良　□差	□优　□良　□差
		坐姿	□优　□良　□差	□优　□良　□差	□优　□良　□差
		走姿	□优　□良　□差	□优　□良　□差	□优　□良　□差
		职业妆容	□优　□良　□差	□优　□良　□差	□优　□良　□差
		整体造型	□优　□良　□差	□优　□良　□差	□优　□良　□差
态度	精神面貌、仪态优雅		□优　□良　□差	□优　□良　□差	□优　□良　□差
提升建议：			综合评价：□优　□良　□差		

1. 训练正确的着装，梳理大方、朴素的盘发。
2. 掌握化职业妆。
3. 训练优雅的举止，掌握正确的站姿、坐姿、走姿等。

任务二　茶艺师的接待服务与礼节

任务描述

礼节是人和人交往的礼仪规矩。礼节是不妨碍他人的美德，也是自己行万事的通行证。礼节是人对人表示尊重的各种形式的总称，包括动作形式和语言形式。如握手、鞠躬、磕头等是动作形式，问候、道谢等是语言形式。

从审美角度来看，礼节可以是一种形式美，它是人的心灵美的必然外化。从传播角度来看，礼节可以说是一种在人际交往中进行相互沟通的技巧。从交往角度来看，礼节可以说是在人际交往中适用的一种艺术，是一种交际方式或交际方法。

俗话说"十里不同风，百里不同俗"，各国、各地区、各民族都有自己的礼节形式，作为肩负传播中国茶文化重要任务的茶艺服务人员，要接待来自世界各地的客人，因此必须熟知客人的礼节形式，这样才能在工作中真正做到热情真诚，以礼相待。

任务目标

1. 了解茶艺服务接待程序，掌握相关接待礼节。
2. 了解各地习俗，做好国内外客人的接待服务。

知识储备

知识点 1　接 待 程 序

一、岗前准备

（1）流程

1）检查当班物品。

2）再次清洁服务区域。

（2）要求标准

1）班前盘点、检查负责区域物品数量，确保质量达到标准。

2）确保负责区域的茶具、台面、地面等卫生达到标准，并时刻注意保持。

二、迎宾接待

迎宾是公司的门面，是公司形象的窗口，其仪容仪表礼貌素质、服务水准将给客人留下第一印象，对整个公司的形象服务产生非常重要的影响。迎宾的工作好坏能够影响和调节整个餐厅的气氛。迎宾站立时抬头挺胸、面带微笑、收腹、两手交叉至腹前，左手在下右手在上。

行走时脚向前迈步，步伐均匀，手臂自然摆动，帮客人指引位置时手臂伸直，手指自然并拢，掌心向上，以肘关节为轴指向目标，声音要亲切、温和，音量适中。

（1）流程

1）迎宾：主动问好并引领入座。

2）推荐：推荐茶水，引导客人消费。

3）备单：准备相应茶具、茶点。

（2）迎宾要求标准与常用话语

1）站姿规范、举止优雅。

2）主动招呼、礼貌用语。

3）询问情况、合理安排。

4）常用话语："您好，欢迎光临！请问有预定吗？请问有什么需要帮助的？"

（3）推荐要求标准与常用话语

1）语言委婉，多用征求口吻。

2）在推荐消费项目之前先确认客人是否喜好某种茶叶。

3）根据季节、客人喜好、人数等情况引导合理的消费。

4）常用话语："您好！请问您有没有喜欢的茶？""您好！我们这里有……供您选择。""如果您不确定选择哪种茶的话，我将为您推荐两种适合您的茶。""您好！请问需要为您提供相应的茶点吗？"

（4）备单要求标准与常用话语

1）为了不让客人久等，可先送上免费的茶点、茶水或提供其他免费服务（报纸、杂志等）。

2）准备相应的沏茶用具和茶品。

3）在 10min 之内，为客人奉上所点茶水和茶点。

4）常用话语："您好！请稍等，我去为您准备茶具、茶点，这里有一些免费的茶点请您先享用。""您好，这里有杂志您可以先看一下，稍候我将为您服务。"

三、冲泡服务

（1）流程

1）上茶点。

2）沏茶。

（2）要求标准

1）上茶点时，要注意动作标准，体现专业和熟练程度。

2）在沏茶前要征得客人同意，沏茶过程中要严格按照沏茶标准操作流程，每个动作要美观规范、大方得体，并保证沏茶质量。

3）要根据客人需求，向客人讲解。

4）在与客人交流时，注意语气要轻柔婉转，表情、眼神、仪态要大方得体。适当地收集客人资料，为下次服务做准备。

5）如客人提出免打扰要求，茶艺师在离开台面（房间）后要时刻注意续水、换茶及台面清理工作，专注于客人的潜在需求。

（3）常用话语

"您好！请问现在可以开始沏茶吗？"

"大家好！我是茶艺师×××，今天将为大家冲泡的是×××。"

"您好！如果您需要什么服务，可以按呼叫铃，我将随时为各位提供服务，祝大家品茶愉快！"

四、结账送客

（1）流程

1）结账。

2）送客。

（2）结账要求标准与常用话语

1）在客人提出结账服务后，茶艺师要在最快的时间内确认客人的账单无误（如消费项目、消费价格）。

2）账单要双手递交客人，供其查阅。

3）做到唱价、唱收、唱找。

4）常用话语："您好！请问需要结账吗？好的，请稍等。""您好！这是您的账单，请过目，您一共消费了……""收您……找您……您收好，谢谢！"

（3）送客要求标准与常用话语

1）引客人下楼，为客人开门。

2）表示欢送，期待下次光临。

3）常用话语："请带好随身物品。""请慢走！欢迎下次光临！"

五、整理清洁

（1）流程　清洁台面卫生。

（2）要求

1）做清洁时要根据具体操作标准进行。

2）清洁完毕后，要进行自我检查。

3）在确认台面进入待客状态后，要及时做好记录。

知识点2　不同类型客人的接待

接待工作是茶艺馆进行正常营业的关键，要根据不同的地域、民族和宗教信仰为客人提供贴切的接待服务。同时也要给予一些VIP客人及特殊客人恰到好处的关照。接待工作不仅能体现茶艺服务人员无微不至的关怀，更能突出茶艺馆高质量的服务水准。

1. 不同地域客人的服务

（1）日本、韩国　日本人和韩国人在待人接物以及日常生活中十分讲究礼貌，在为他们提供茶艺服务时要注重礼节。茶艺师在为日本或韩国客人泡茶时应格外注意泡茶的规范，因为他们不仅讲究喝茶，更注重喝茶的礼法，所以要让他们在严谨的沏泡技巧中感受到中国茶艺的风雅。

（2）英国　英国人偏爱红茶，并需加牛奶、糖、柠檬片等（彩图7）。

（3）俄罗斯　同英国人一样，俄罗斯人也偏爱红茶，而且喜爱"甜"，他们在品茶时吃点心是必备的，所以茶艺师在服务中除了适当添加白砂糖外，还可以推荐一些甜味茶食。

（4）美国　美国人受英国人的影响，多数人爱喝加糖和奶的红茶，也酷爱冰茶。茶艺师在服务中要留意这些细节，在茶艺馆经营许可的情况下，尽可能满足宾客的需要。

（5）印度、尼泊尔　印度人和尼泊尔人惯用双手合十礼致意，茶艺师也可采用此礼来迎接宾客。印度人拿食物、礼品或敬茶时用右手，不用左手，也不用双手，茶艺师在提供服务时要特别注意。

（6）摩洛哥　摩洛哥人酷爱饮茶，加白砂糖的绿茶是摩洛哥人社交活动中一种必备的饮料。因此，茶艺师在服务中添加白砂糖是必不可少的。

（7）土耳其　土耳其人喜欢品饮红茶，茶艺师在服务时可遵照他们的习惯，准备一些白砂糖，供宾客加入茶汤中品饮。

（8）巴基斯坦　巴基斯坦人以牛羊肉和乳类为主要食物，为了消食除腻，饮茶已成为他们生活的必需。巴基斯坦人的饮茶风俗带有英国色彩，普遍爱好牛奶红茶，茶艺师在服务中可以适当提供白砂糖。在巴基斯坦的西北地区流行饮绿茶，同样，他们也会在茶汤中加入白砂糖。

2. 不同民族客人的服务

我国是一个多民族的国家，各民族历史文化有别，生活风俗各异，因此，茶艺师要根据不同民族的饮茶风俗为不同的客人提供服务。

（1）汉族　汉族大多推崇清饮，茶艺师可根据客人所点的茶品，采用不同方法为客人沏泡。采用玻璃杯、盖碗沏泡时，宾客饮茶至茶杯中只剩 1/3 水量时，需为宾客添水。为宾客添水 3 次后，需询问宾客是否换茶，此时茶味已淡。

（2）藏族　藏族人喝茶有一定的礼节。日常饮茶讲究长幼有序、主客有序，在公众场合，讲究尊卑有序。在家中，煮好茶必先斟献于父母、长辈。对于尊敬的客人，主人要当面用清水将碗再洗一遍，揩干，然后再斟茶捧献于前，以示对客人的尊敬。客人喝一口，主人会立即为其斟满，除非客人以手盖碗表示不喝。作为客人，在杯中留一小部分茶水，是表示还希望继续喝下去，如一饮而尽，则表示不喝了。

（3）蒙古族　在为蒙古族客人服务时，要特别注意敬茶时用双手以示尊重。当客人将手平伸，在杯口上盖一下，表明不再喝茶，茶艺师可停止斟茶。

（4）傣族　茶艺师在为傣族客人斟茶时，只斟浅浅的半小杯，以示对客人的敬重。对尊贵的客人要斟三道，这就是俗称的"三道茶"。

（5）维吾尔族　茶艺师在为维吾尔族客人服务时，尽量当着客人的面冲洗杯子，以示清洁。在为客人端茶时要用双手。

（6）壮族　茶艺师在为壮族客人服务时，要注意斟茶不能过满，否则视为不礼貌；奉茶时要用双手。

3. 不同宗教客人的服务

我国是一个多民族的国家，少数民族几乎都信奉宗教，在汉族中也不乏宗教信徒。佛教、伊斯兰教、基督教等都有自己的礼仪。为此，从事茶艺馆服务接待工作的人员，要了解宗教常识，以便更好地为信奉不同宗教的客人提供贴切、周到的服务。茶艺师在为信奉佛教的客人服务时，可行合十礼，以示敬意；不要主动与僧尼握手。在与他们交谈时不能问僧尼的尊姓大名。

4. VIP 客人的服务

茶艺师每天要了解是否有 VIP 客人预订，包括时间、人数、特殊要求等。根据 VIP 客人的等级和茶艺馆的规定配备茶品。

所用的茶品、茶食必须符合质量要求，茶具要进行精心的挑选和消毒。提前 20min 将所备茶品、茶食、茶具摆放好，确保茶食的新鲜、洁净、卫生。

5. 特殊客人的服务

对于年老、体弱的客人，尽可能安排在离入口较近的位置，便于出入，并帮助他们就座，以示服务的周到。对于有明显生理缺陷的客人，要注意安排在适当的位置就座，能遮掩其生理缺陷，以示体贴。如有客人要求某个指定位置，应尽量满足其要求。

知识点 3　常 用 礼 节

1. 鞠躬礼

茶道表演开始和结束时，主人与客人均要行鞠躬礼，有站式、坐式和跪式三种，且根据鞠躬的弯腰程度可分为真、行、草三种。"真礼"用于主客之间，"行礼"用于客人之间，"草礼"用于说话前后。

（1）站式鞠躬　"真礼"以站姿预备，将相搭的两手渐渐分开，贴着两大腿下滑，手指尖触至膝盖上沿为止，同时上半身由腰部起倾斜，头、背与腿呈近 90°的弓形（切忌只低头不弯腰，或只弯腰不低头），略做停顿，以示对对方真诚的敬意，然后慢慢直起上身，以示对对方连绵不断的敬意，同时手沿腿上提，恢复原来的站姿。鞠躬要与呼吸相配合，弯腰下倾时吐气，身直起时吸气。行礼时的速度要尽量与别人保持一致，以免尴尬。"行礼"要领与"真礼"同，仅双手至大腿中部即可，头、背与腿约呈 120°的弓形。"草礼"只需将身体向前稍作倾斜，两手搭在大腿根部即可，头、背与腿约呈 150°的弓形，其余同"真礼"。

（2）坐式鞠躬　若主人行站式鞠躬礼，而客人是坐在椅（凳）上的，则客人用坐式答礼。"真礼"以坐姿为准备，行礼时，将两手沿大腿前移至膝盖，腰部顺势前倾，低头，但头、颈与背部呈平弧形，稍作停顿，慢慢将上身直起，恢复坐姿。"行礼"时将两手沿大腿移至中部，其余同"真礼"。"草礼"只将两手搭在大腿根，略欠身即可。

（3）跪式鞠躬　"真礼"以跪坐姿预备，背、颈部保持平直，上半身向前倾斜，同时双手从膝上渐渐滑下，全手掌着地，两手指尖斜相对，身体倾至胸部与膝间只剩一个拳头的空档（切忌只低头不弯腰或只弯腰不低头），身体呈 45°前倾，稍作停顿，慢慢直起上身。同样，行礼时动作要与呼吸相配，弯腰时吐气，直身时吸气，速度与他人保持一致。"行礼"方法与"真礼"相似，但两手仅前半掌着地（第二手指关节以上着地即可），身体约呈 55°前倾；行"草礼"时仅两手手指着地，身体约呈 65°前倾。

2. 伸掌礼

这是茶道中用得最多的礼仪，当主泡和助泡协同配合时，主人向客人敬奉各种物品时都简用此礼，表示的意思为"请"或"谢谢"（图3-2）。两人面对面时，均伸右掌行礼对答。两人并坐时，右侧一方伸右掌行礼，左侧一方伸左掌行礼。伸掌姿势为：将手斜伸在所敬奉的物品旁边，四指自然并拢，虎口稍分开，手掌略向内凹，手心中要有握着一个小气团的感觉，手腕要含蓄用力，不会显得轻浮。行伸掌礼同时应欠身点头微笑，讲究一气呵成。

图3-2　伸掌礼

3. 叩指礼

此礼是从古时中国的叩头礼演化而来的，叩指即代表叩头。早先的叩指礼是比较讲究的，必须屈腕握空拳，叩指关节。随着时间的推移，逐渐演化为将手弯曲，用几个指头轻叩桌面，以示谢意。

4. 寓意礼

这是寓意美好祝福的礼仪动作，最常见的有：

1）凤凰三点头。用手提壶把，高冲低斟反复3次，寓意向客人鞠躬3次，以示欢迎。高冲低斟是指右手提壶靠近茶杯口注水，再提腕使开水壶提升，此时水流如"酿泉泻出于两峰之间"，接着仍压腕将开水壶靠近茶杯口继续注水。如此反复3次，恰好注入所需水量，即提腕断流收水。

2）双手回旋。在进行回转注水、斟茶、温杯、烫壶等动作时用双手回旋。若用右手则必须按逆时针方向，若用左手则必须按顺时针方向，类似于招呼手势，寓意"来、来、来"，表示欢迎。

3）放置茶壶时壶嘴不能正对他人，否则表示请人赶快离开。

4）斟茶时只斟七分即可（图3-3），暗寓"七分茶三分情"之意。俗话说"茶满欺客"，意即茶满不便于握杯啜饮。

图3-3　斟茶七分满

拓展阅读

三种叩指礼

1）晚辈向长辈：五指并拢成拳，拳心向下，5个手指同时敲击桌面，相当于五体投地跪拜礼（图3-4）。一般敲3下即可。

2）平辈之间：食指中指并拢，敲击桌面，相当于双手抱拳作揖（图3-5）。敲3下表示尊重。

3）长辈向晚辈：食指或中指敲击桌面，相当于点下头即可（图3-6）。如果长辈特别欣赏晚辈，可敲3下。

图3-4　五指同叩　　　图3-5　双指同叩　　　图3-6　单指叩

茶艺服务过程中的小技巧——三轻原则

茶艺馆力求营造一种温馨、幽雅的氛围，所以服务人员在服务工作中要注意遵循说话轻、走路轻、操作轻的"三轻原则"，注意保持茶艺馆的安静。

任务实施

1．熟练掌握茶艺师日常接待程序。

2．设定不同角色（新客人、年长者……），分组进行接待练习。

任务评价

项　目		评价内容	组内自评	小组互评	教师点评
知识	应知应会	接待程序	□优　□良　□差	□优　□良　□差	□优　□良　□差
		宾客接待	□优　□良　□差	□优　□良　□差	□优　□良　□差
		接待礼节	□优　□良　□差	□优　□良　□差	□优　□良　□差
能力	日常接待	迎宾接待	□优　□良　□差	□优　□良　□差	□优　□良　□差
		冲泡服务	□优　□良　□差	□优　□良　□差	□优　□良　□差
		结账送客	□优　□良　□差	□优　□良　□差	□优　□良　□差
态度		积极主动、热情礼貌	□优　□良　□差	□优　□良　□差	□优　□良　□差
		流程熟练、礼节得当	□优　□良　□差	□优　□良　□差	□优　□良　□差
提升建议：				综合评价：□优　□良　□差	

课后练习

1．练习鞠躬礼、伸掌礼、叩指礼、寓意礼等。

2．创设情境进行日常接待练习。

任务三　茶艺师的服务语言

任务描述

语言是人们交流思想、相互了解的工具，也可以说是思想的外壳。通过人的语言，还可以看到一个人的精神境界、道德情操、志向爱好等，所以，优美文雅的语言是做好服务工作的一项重要内容。

茶馆是现代文明社会中高雅的社交场所，它要求茶艺师在日常服务中谈吐文雅、语调轻柔、语气亲切、态度诚恳、讲究语言礼仪及艺术。

茶艺师在运用服务语言时，要遵守诚实性原则，即无论何时何地，都应做到以诚为本，以实为要，以真为先；不可虚情假意，更不可欺骗或愚弄服务对象；要力求表里如一，力戒徒有其表，搞形式主义。

茶艺
实训教程

任务目标

1．熟悉茶艺师日常用语和体态语言，能在日常服务中运用。
2．掌握基本的茶艺服务英语。

知识储备

知识点① 服务日常用语

一、语言文明

待客适宜用敬语，杜绝使用蔑视语、烦躁语、不文明的口头语、自以为是或刁难他人的斗气语。礼貌用语的具体要求为"请字当先，谢字随后，您好不离口"，以及服务"五声"——迎客声、致谢声、致歉声、应答声、送客声。

茶艺师常用的文明用语有：

（1）迎接用语　"欢迎光临""欢迎您来这里品茶""请进""请往这边走""请坐"等。

（2）问候用语　"您好""下午好""晚上好""多日不见，您近来可好？"等。

（3）征询用语　"我能为您做些什么吗？""对不起，您现在可以点茶了吗？""请问您是需要甜口味的茶点还是咸口味的茶点？""如果您不介意，现在我可以为您泡茶了吗？"等。

（4）应答用语　"好的，没关系""请稍等，马上就来""谢谢您的好意""非常感谢"等。

（5）道歉用语　"非常抱歉，打扰您了""对不起，让您久等了""请再等几分钟，好吗？"等。

（6）送别用语　"感谢您的光临，希望下次再见到您""欢迎下次光临""请您慢走"等。

二、语气委婉

当客人处于尴尬境地而无法摆脱时，茶艺师对客人可采用暗示提醒、委婉询问的方式，使客人自己（或协助客人）摆脱困境。这样既不伤客人面子，又解决了实际困难。对客人提出的问题要明确、简洁地予以回答，绝不允许采用反诘、训诫和命令的语气。

三、应答及时

语言是交流的工具，如果客人的问询得不到及时的应答，感情就得不到及时沟通，这就意味着客人受到了冷遇。因此应答及时是茶艺师热情、周到服务的具体体现。无论客人的询问有多少次，要求有多么难，茶艺师都要及时应答，然后一一满足其要求，解决其困难，使主、客交流畅通无阻。

客人讲话时，茶艺师应认真倾听，平和地望着客人，视线间歇地与客人接触；对听到的内容，可用微笑、点头等做出反应；不能面无表情，心不在焉，不可似听非听，表示厌倦，不能摆手或敲台面来打断客人，更不得甩袖而去。遇到客人的不满或刁难行为，要冷静处理，巧妙应对，不得与客人发生冲突，必要时可请领班或经理出面解决。

四、音量适度

语音音量的适度与否，即是语音的修养问题，也是茶艺师的态度问题。音量过大显得粗俗无礼，音量过小又显得小气懈怠，两者都会引起客人的误解和不满，因此茶艺师的语音在任何情况下都应做到自然流畅，不高不低，不快不慢，不急不缓，给人以亲切、舒适的美感。

对不同的客人，茶艺师应主动调整语言表达的速度，如对善于言谈的客人，可以加快语速，或随声附和，或点头示意；对不喜欢言语的客人，可以放慢语速，增加一些微笑和身体语言，如手势、点头，总之与客人步调一致，才会受到欢迎，对客人要热情礼貌，有问必答。客人多时，要分清主次，恰当地进行交谈；说话声音要柔和、悦耳，控制好语调、语速，不得大声说话或大笑。

拓展阅读

在茶艺操作过程中，茶艺师讲茶艺不要讲得太满，从头到尾都是自己一个人在说，这会导致气氛紧张。有经验的茶艺师知道应给客人留出考虑空间，引导客人参与到泡茶过程中，这样可以增加服务的互动性，使主、客双方增进交流，有利于服务质量的提高。引出客人话题的方法很多，如赞美客人，评价客人的服饰、气色、优点等，这样可以迅速拉近主、客之间的距离。

知识点 2 　体　态　语

在服务过程中，与客人沟通经常使用的方法是听、说、写及体语，体语就是体态语言。你的一个动作、一个眼神或面部表情都将影响到你与客人之间的每一次沟通。体态语言也称为视觉沟通，在沟通过程中占据 55% 的信息量，茶艺师的体态语主要包括目光语、微笑等。

1. 目光语

眼睛被认为是人体传递信息最重要、最清楚、最真实的部位。从目光的投射方向看，一般有平视、上视、下视、旁视几种类型。平视，目光视线平行接触，即正视，这种目光的主要含义是显示地位的平等，也表示"思考""理性"等含义。上视，目光视线朝上，即仰视，可表达的含义是"尊敬""谦虚""服从"等。下视，目光视线往下，即俯视，可表示"爱护""傲慢""自卑"等。旁视，目光视线斜行，表达"轻视""厌恶""怀疑""疑问"等意思。

注视目光表达你对客人的尊敬和关注。环视目光表达你对每一个客人的一视同仁和同等重视。茶艺师一般应采用平视、注视和环视结合的方式来表达对客人的尊重，会使人感受到自信和坦诚。视线停留在对方双肩和头顶所构成的一个三角形的区域内，以示态度的真诚。如果对方是同性，应时不时与之目光对视，表示尊重；如果对方是异性，连续注视时间不宜超过 10s，长时间注视是失礼行为。

2. 微笑

微笑在人类各种文化中的含义是基本相同的，超越文化而传播，是名副其实的"世界语"。微笑在传达亲切温馨的情感、有效缩短双方的心理距离、增强人际吸引力等方面的作用显著。茶艺师的微笑应该是内心情感的自然流露，包含对他人的关心和热忱，而不是故作笑颜，曲意奉承。

茶艺师应多进行微笑训练。

1）放松面部肌肉，使嘴角微微向上翘起，让嘴唇略微呈弧形，不牵动鼻子，不发出声音，不露出牙齿，微微一笑。

2）闭上眼睛，调动感情，并发挥想象力，回忆美好的过去或展望美好的未来，使微笑源自内心，有感而发。

3）坚持对着镜子练习，使眼睛、面部肌肉、口型等和谐自然。

4）当众练习，使微笑大方、自然，克服羞怯和胆怯心理，根据观众评判及时改进。

知识点 3　茶艺服务英语

1. 迎宾服务中的礼貌用语

欢迎来到我们茶馆！

Welcome to our teahouse!

请这边走。

This way, please.

请跟我来。

Follow me, please.

见到您很高兴。

Glad to meet you.

您好，女士！

Hello, madam!

请问先生有几位？

How many, sir?

请您将雨伞放在门外好吗？

Would you please leave your umbrella out of the door?

2. 接待服务中征询客人意见的用语

有什么事情我可以为您效劳吗？

Is there anything I can do for you?

我能帮助您吗？

May I help you?

请出示您的贵宾卡，好吗？

Would you please show me your VIP Card?

请您别在这里吸烟好吗？

Would you please refrain from smoking here?

请坐这边好吗？

Would you mind sitting down here?

请问您有预定吗？

Do you have a reservation, sir?

请问您喜欢喝哪种茶？

What kind of tea do you like?

请问您要喝红茶吗？

Would you like black tea?

请问您还需要点什么？

Would you like anything more?

请看茶单。

This is the menu, please!

请稍等一下。

Please wait for a moment. \Just a moment, please.

请您在这儿签字好吗？

Would you please sign your name here?

很抱歉，让您久等了。

I'm sorry to have kept you waiting.

先生，抱歉。我们不收美金。

I'm sorry, sir. We don't accept US dollars.

先生，抱歉。我们不能使用信用卡。

Sorry, sir. We don't accept credit card.

很抱歉，我们只收现金。

Sorry, sir, we only accept cash.

非常感谢您的好意。

Thank you very much for your kindness.

喝茶有益健康。

Drinking tea is healthful.

洗手间在那边。

The restroom\washroom is there.

请问现在可以泡茶了吗？

Excuse me. May I make tea for you now?

您喜欢它吗？

Do you like it?

这是账单，请过目。

This is the bill, please.

您慢走，欢迎再次光临！

Take care! Welcome to our teahouse again!

谢谢，您真是太好了。

Thank you. That's very kind of you.

3. 接待服务中接电话时的用语

请问您是哪位？

Who's calling, please?

很抱歉，这里没有这个人。

I'm sorry, there is no one by that name here.

对不起，您打错电话了。

I'm afraid (that) you have the wrong number.

请稍等，别挂电话。

Please hold the line a moment.

拓展阅读

　　在茶道表演中，如果总是以一颗至诚之心微笑面对，客人会对你留下美好的印象，有助于营造融洽的交往氛围，使自己和他人在这个过程中心情放松。但是一定不要假装，不要敷衍，微笑需要发自内心。

任务实施

1. 平时注意礼貌用语和体态语，养成好习惯。

2. 根据所学知识，编写一份茶艺师开场介绍并进行展示。

范例：各位茶友，大家上午好！我是你们的茶艺师王玲，接下来由我为大家带来茉莉花茶茶艺表演，请各位多多指教！

任务评价

项　目	评价内容		组内自评			小组互评			教师点评		
知识	应知应会	礼貌用语	□优	□良	□差	□优	□良	□差	□优	□良	□差
		体态语	□优	□良	□差	□优	□良	□差	□优	□良	□差
		服务英语	□优	□良	□差	□优	□良	□差	□优	□良	□差
能力	服务语言运用	礼貌用语	□优	□良	□差	□优	□良	□差	□优	□良	□差
		体态语	□优	□良	□差	□优	□良	□差	□优	□良	□差
		服务英语	□优	□良	□差	□优	□良	□差	□优	□良	□差
		开场介绍	□优	□良	□差	□优	□良	□差	□优	□良	□差
		综合效果	□优	□良	□差	□优	□良	□差	□优	□良	□差
态度	精神面貌、礼仪得体		□优	□良	□差	□优	□良	□差	□优	□良	□差
提升建议：					综合评价：□优　□良　□差					

课后练习

创设情境，分角色模拟练习接待（注意礼貌用语和体态语）。

项目四　常见茶类冲泡、品饮与鉴赏

冲泡茶不只是把茶叶投入水中那么简单，更要讲究技艺和方法。我国茶叶种类繁多，一杯好茶的关键在于它的冲泡方法是否恰当。冲泡方法不同，泡出的茶汤就有不同的效果。想要泡好茶，需要了解茶叶知识、水质特性、泡茶水温、茶与水的比例、浸泡时间及茶具选择等，这些内容都要把握。

运用好的冲泡技艺和优雅的冲泡方法，可以得到一杯香茗，静品细啜，慢慢体味，在品饮中体会茶的韵味，使人得到精神和文化上的享受。

任务一　绿茶的冲泡、品饮与鉴赏

任务描述

绿茶是我国产量最多的一类茶叶。绿茶叶色嫩绿、汤色明亮、香气清雅，十分诱人（图4-1）。因为绿茶未经过发酵，冲泡起来看似简单，实际十分讲究。不仅要掌握好水温、置茶方法、冲泡时间等，还要考虑茶叶的品种和冲泡方法，所以需要多次实践，慢慢积累，才能掌握好冲泡一杯绿茶的技巧。

图4-1　冲泡好的绿茶

任务目标

1. 掌握绿茶冲泡的技艺和方法，动作自然、娴熟，给人以美的享受。
2. 学会绿茶的品饮方法，提高对绿茶的鉴赏能力，享受冲泡过程中的乐趣和美感。

知识储备

知识点 1　绿茶的冲泡

一、冲泡要点

（1）水温　80～85℃。

（2）置茶方法　上投法、中投法、下投法。

（3）置茶量　茶水比例为1:50。一般200mL左右的杯子，需要置茶3～4g。具体可根据茶叶的老嫩程度以及个人的浓淡喜好适当增减。

（4）适用茶具　玻璃杯、盖碗、紫砂壶等。一般圆柱状、厚底色玻璃杯较常用。

二、常用冲泡手法

不同的茶叶，由于其外形、质地、比重、品质成分含量及其溶出速率不同，要求用不同的置茶方法，一般有3种方法，分别是上投法、中投法和下投法。

（1）上投法　将开水注入杯中约七分满的程度，待水温凉至75℃左右时，将茶叶投入杯中，稍后即可品茶。身骨重实、条索紧结、芽叶细嫩、香味成分含量高以及品赏中对香气和汤色要求高的各类名茶，可用上投法。

（2）中投法　将开水注入杯中约1/3处，待水温凉至80℃左右时，将茶叶投入杯中；少顷，将约80℃的开水徐徐加入杯的七分满处，稍后即可品茶。一般如龙井、六安瓜片等大多采用中投法。

（3）下投法　将茶叶投入杯中，用85℃左右的开水加入其约1/3处，约15s后再向杯中注入85℃的开水至七分满处，稍后即可品茶。条形松展、比重轻、不易沉入水中的茶叶，宜用下投法或中投法。

不同季节，由于气温和茶温冷热要求不同，投茶方式也应有所区别，一般可采用"秋中投，夏上投，冬下投"。

知识点 2　绿茶的品饮

一杯好茶在手，通常从 3 个方面去欣赏：一是观色，二是闻香，三是品味。不同的茶类在欣赏方法上也不相同。

绿茶冲泡后的最大特点是茶叶条索舒展，茶汤碧绿。为了能更好地观察茶叶在水中的变化，透明度佳的玻璃杯是冲泡绿茶的首选。名贵绿茶，绿芽入水后在水中舒展游动，上下翻滚，少顷便徐徐沉入水中，或直立而下，或曲折徘徊，姿态炳娜。透过玻璃杯，这一系列"绿茶舞"都可尽收眼底，极具情趣（彩图 8）。冲泡后，可端杯（碗）闻香，此时，汤面冉冉上升的雾气中夹杂着缕缕茶香，犹如云蒸霞蔚，使人心旷神怡。接着是观察茶汤颜色，或黄绿碧清，或淡绿微黄，或乳白微绿。隔杯对着阳光透视茶汤，还可见到微细茸毫在水中游弋，闪闪发光，此乃是细嫩名优绿茶的一大特色。尔后，端杯小口品啜，尝茶汤滋味，缓慢吞咽，让茶汤与舌头味蕾充分接触，则可领略到名贵绿茶的风味；若舌和鼻并用，还可从茶汤中品出嫩茶的香气，有沁人心脾之感。品尝头开茶，重在品尝名优绿茶的鲜和茶香；品尝二开茶，重在品尝名优绿茶的回味和甘醇；至于三开茶，一般茶叶已淡，也无更多要求，能尝到茶味就算可以了。

品茶的方法是，把茶汤吸入口中后，舌尖顶住上层齿根，嘴唇微微张开，舌稍向上抬，让茶汤摊在舌的中部，再用腹部呼吸，从口慢慢吸入空气，使茶汤在舌上微微滚动。连续吸气两口后，辨出滋味。

知识点 3　绿茶的鉴赏

茶叶的品质由茶叶的外形和内质两个方面组成。外形主要分为条索、整碎度、净度和色泽 4 个方面；内质主要分为香气、滋味、汤色和叶底 4 个方面。

绿茶的鉴赏以西湖龙井为例（图 4-2），重点把握以下几点。

1）外形：扁平挺秀，光滑匀齐。
2）色泽：绿中显黄，俗称"糙米色"。
3）香气：清香若兰。
4）滋味：甘醇鲜美。
5）汤色：碧绿明亮。
6）叶底：嫩绿。

任务实施

图 4-2　西湖龙井干茶

可利用教学资源包或二维码，观看绿茶冲泡视频，然后分组模拟练习。

　活动一　玻璃杯冲泡（以西湖龙井为例）

步骤 1： 备具

准备无花纹透明玻璃杯（根据品茶人数而定）、茶叶罐、煮水器、茶荷、茶巾、水盂及茶匙。

步骤 2: 赏茶

用茶匙从茶叶罐中轻轻拨取适量茶叶入茶荷，让客人欣赏龙井茶的外形及香气，并用简短的语言介绍茶叶的品质特征和文化背景。

步骤 3: 洁具

将玻璃杯一字摆开，一次倾入 1/3 杯的开水，然后从左侧开始，右手捏住杯身，左手托杯底，轻轻转动杯身，然后将杯中的水依次倒入水盂。

步骤 4: 置茶

用茶匙将茶荷中的茶叶一一拨入茶杯中待泡。每 50mL 容量用茶 1g。

步骤 5: 温润泡

将开水壶中适度的开水倾入杯中，水温 80～85℃，注水量为茶杯容量的 1/4 左右，注意开水不要直接浇在茶叶上，应打在玻璃杯的内壁上，以免烫坏茶叶。时间控制在大约 15s 以内。

步骤 6: 冲泡

执开水壶以"凤凰三点头"高冲注水，使茶杯中的茶叶上下翻滚，有助于茶叶内含物质浸出，茶汤浓度达到上下一致。一般冲水入杯至七成满为止。

步骤 7: 奉茶

右手轻握杯身（注意不要捏住杯口），左手托杯底，双手将茶送到客人面前，放在方便客人提取品饮的位置。茶放好后，向客人伸出右手，做出"请"的手势，或说"请用茶"。

步骤 8: 品鉴

欣赏茶叶慢慢落入水中，端杯观茶汤颜色，碧绿明亮，轻闻茶香，香馥如兰；细细品饮，体会齿颊留芳。

拓展阅读

1）赏茶时，因绿茶（尤其是名绿茶）干茶细嫩易碎，因此从茶叶罐中取茶入荷时，应用茶匙轻轻拨取，或轻轻转动茶叶罐，将茶叶倒出。

2）洁具时，当面清洁茶具既是对客人的尊重，又可以让玻璃杯预热，使杯子内壁温度上下一致，避免正式冲泡时炸裂。

3）置茶时，采用下投法。

4）冲泡时，采用"凤凰三点头"，单手或双手提壶均可，三上三下冲水，水流粗细均匀不间断。

 活动二　盖碗泡法（以碧螺春为例）

步骤 1: 备具

准备盖碗（根据品茶人数定）、茶叶罐、煮水器、茶荷、茶匙、茶巾、水盂。

步骤 2：赏茶

用茶匙拨取适量碧螺春干茶（图4-3）于茶荷中，让客人欣赏茶叶的外形、色泽及香气。

步骤 3：洁具

将盖碗一字排开，向碗中注入 1/3 开水。盖上碗盖后，轻轻旋转茶碗，洁具的同时达到温热茶具的目的，冲泡时减少茶汤的温度变化。

图 4-3　碧螺春干茶

步骤 4：置茶

左手持茶荷，右手拿茶匙，将干茶一次拨入茶碗中。通常 1g 细嫩绿茶冲入开水 50～60mL，一只普通盖碗放入 2g 左右的干茶即可。

步骤 5：冲水

先将 75℃左右的开水注入碗中约七分满。

步骤 6：奉茶

双手持碗托，礼貌地将茶奉给客人。

步骤 7：品鉴

静置 3min 后，端盖碗，看汤色，品茶汤。

拓展阅读

1）置茶后，可将碗盖稍加倾斜地盖在茶碗上，使盖沿与碗沿之间有一空隙，避免将碗中的茶叶闷黄泡熟。

2）碧螺春是用鲜嫩的茶芽制作的，因此茶毫较多，冲泡时茶汤会有短暂的浑浊，这种"毫浑"属于正常现象，片刻后汤色就会清澈、嫩绿，不必进行洗茶。

任务评价

项　目	评价内容		组内自评	小组互评	教师点评
知识	应知应会	绿茶冲泡	□优　□良　□差	□优　□良　□差	□优　□良　□差
		绿茶品饮	□优　□良　□差	□优　□良　□差	□优　□良　□差
		绿茶鉴赏	□优　□良　□差	□优　□良　□差	□优　□良　□差
能力	绿茶的冲泡品饮与鉴赏	备具	□优　□良　□差	□优　□良　□差	□优　□良　□差
		赏茶	□优　□良　□差	□优　□良　□差	□优　□良　□差
		洁具	□优　□良　□差	□优　□良　□差	□优　□良　□差
		置茶	□优　□良　□差	□优　□良　□差	□优　□良　□差
		冲泡	□优　□良　□差	□优　□良　□差	□优　□良　□差
		奉茶	□优　□良　□差	□优　□良　□差	□优　□良　□差
		品鉴	□优　□良　□差	□优　□良　□差	□优　□良　□差
态度	积极主动、热情礼貌		□优　□良　□差	□优　□良　□差	□优　□良　□差
	有问必答、人性化服务		□优　□良　□差	□优　□良　□差	□优　□良　□差
提升建议：				综合评价：□优　□良　□差	

课后练习

结合所学知识，练习绿茶的冲泡方法。选择一种绿茶进行独立冲泡，并拍摄冲泡过程视频作为课后考核作业。

任务二 红茶的冲泡、品饮与鉴赏

任务描述

红茶属全发酵茶类。红茶品饮有清饮和调饮两种。清饮，即在茶汤中不加任何调料，使茶发挥本性固有的香气和滋味；调饮，则在茶汤中加入调料，以佐汤味。中国大多数地方都采用清饮冲泡。条形红茶的基本特征是红汤红叶，条形细紧纤长，色泽乌润，香气持久，滋味浓醇鲜爽，汤色红艳明亮。冲泡红茶的最佳器具尽量使用材质为陶瓷（以白瓷最佳）、紫砂、玻璃制品的茶具。

任务目标

1. 了解红茶的基本知识。
2. 掌握红茶的冲泡手法，动作自然、娴熟，给人以美的享受。
3. 学会红茶的清饮和调饮方法，提高对红茶的鉴赏能力，享受冲泡红茶的乐趣和美感。

知识储备

知识点 1　红茶的冲泡

一、冲泡要点

（1）水温　95℃左右。

（2）置茶量　杯泡，茶与水的比例为1:50；壶泡，以200mL的小壶为例，冲泡红条茶约需5～7g干茶，冲泡红碎茶约需6～8g干茶。

（3）冲泡次数　条形茶一般可冲泡2～3次，红碎茶通常冲泡一次，第二次滋味就显得淡薄了。

（4）饮用方法　红条茶适合清饮，红碎茶适合调饮（图4-4）。

图4-4　红茶冲泡

（5）清饮法　以沸水直接冲泡茶叶。

（6）调饮法　在茶汤中添加其他物品，如盐、糖、奶、薄荷、桂圆、红枣等。添加之物，全凭客人爱好。

二、常用冲泡手法

（1）置茶手法　左手持茶荷，使茶荷口朝向冲泡器具壶口，右手取茶匙将茶叶拨入冲泡具。

（2）用壶盖刮壶口处浮沫的手法　冲泡时水冲满盖后，左手持茶壶，用壶盖水平刮去壶口处的浮沫（动作由内向外），右手持煮水器用沸水冲净壶盖，再盖好壶盖。

知识点 2　红茶的品饮

清饮红茶的品饮重在领略它的香气、滋味和汤色。端杯开饮前，要先闻其香，再观其色，然后才是尝味。圆熟清高的香气，红艳油润的汤色，浓强鲜爽的滋味，让人有美不胜收之感。饮红茶须在品字上下功夫，缓缓斟饮，细细品味，方可获得品饮红茶的真趣。

调饮红茶的品饮重在领略它的香气和滋味。即使在茶汤中加入多种其他调料，茶汤依然十分顺口。因此，品饮时应先闻香，至于对香和味的要求，要看加什么调料而定，不可一概而论。

知识点 3　红茶的鉴赏

红茶的鉴赏要点以安徽祁门红茶为例（彩图 9），重点把握以下几点：

1）外形：条索细紧挺秀，两端略尖，锋苗秀丽。

2）色泽：乌黑泛灰光，俗称"宝光"。

3）香气：浓郁高长，有蜜糖香。

4）滋味：浓醇嫩甜，回味隽永。

5）汤色：红艳。

6）叶底：红匀明亮。

拓展阅读

世界四大红茶

红茶不仅在我国具有悠久的历史，在其他国家也占有重要位置。当今世界级四大红茶是指中国安徽祁门红茶、印度阿萨姆红茶、印度大吉岭红茶和斯里兰卡红茶。

任务实施

可利用网络查找相关视频，观看红茶冲泡方法，然后分组模拟练习。

 活动一：红茶清饮瓷壶泡法

步骤 1：备具

长方形茶船、瓷质茶壶、茶杯及配套杯碟（以 4 个为例）、茶叶罐、茶道组、茶巾、煮水器。

步骤 2: 布具

将煮水器端放在茶船右侧桌面，将茶道组端放至茶船左侧桌面上，将茶叶罐捧至茶船左侧桌面，将茶巾放至身前桌面上，将瓷壶摆放在茶船下半部分居中位置，将 4 个茶杯均匀放在茶船上半部分位置。

步骤 3: 翻杯润具

从左至右逐一将反扣的茶杯翻转过来；再将壶盖放置茶船上，左手持茶巾，右手提煮水器，将初沸之水注入瓷壶及杯中，为壶、杯升温。

步骤 4: 取样置茶

将茶匙从茶道组中取出，用茶匙从茶叶罐中拨取适量整叶红茶入壶中。

步骤 5: 悬壶高冲

以回转低斟高冲法斟水，使茶充分浸润。

步骤 6: 匀汤分茶

分茶，第一杯倒二分满，第二杯倒四分满，第三杯倒六分满，第四杯倒至七八分满。再回转分茶，将每杯都斟至七八分满。

步骤 7: 奉茶

可采取双手或单手从正面、左侧、右侧奉茶，奉茶后留下茶壶，以备第二次冲泡。

拓展阅读

　　品饮红茶，观色是重要内容，因此，茶杯最好以白瓷或内壁呈白色为好。

 活动二　红茶调饮泡法

调味红茶主要有牛奶红茶、柠檬红茶、蜂蜜红茶、白兰地红茶等。调味红茶的冲泡方法与清饮壶泡法相似，只是要在泡好的茶汤中加入调味品。

步骤 1: 备具

茶壶、茶杯（按人数选用，茶杯多选用有柄带托的瓷杯，如制作冰红茶，也可选用透明的直筒玻璃杯或矮脚的玻璃杯）、茶叶罐、羹匙、公道杯、滤网、煮水器。

步骤 2: 洁具

手持煮水器将开水注入壶中，持壶摇数下，再倒入杯中，以洁净茶具。

步骤 3: 置茶

用茶匙从茶叶罐中拨取适量茶叶入壶中，根据壶的大小确定所需干茶克数。

步骤 4: 冲泡

手持开水壶将 90℃左右的开水高冲入壶。

步骤 5: 分茶

将滤网放置于公道杯上，将茶壶的茶汤注入公道杯中，再一一斟入客人杯中。随即加入牛奶和糖，或一片柠檬，或一二匙蜂蜜，或洒上少量白兰地。调味品用量的多少，可依每位客人的口味而定。

步骤 6: 奉茶

双手端杯礼貌地奉茶给客人，杯托上放一把小羹匙，点头微笑，行伸掌礼。

步骤 7: 品饮

品饮时，须用羹匙调匀茶汤，进而闻香、尝味。

任务评价

项 目	评价内容		组 内 自 评	小 组 互 评	教 师 点 评
知识	应知应会	红茶产地	□优 □良 □差	□优 □良 □差	□优 □良 □差
		红茶制法	□优 □良 □差	□优 □良 □差	□优 □良 □差
		红茶鉴别	□优 □良 □差	□优 □良 □差	□优 □良 □差
能力	红茶冲泡、品饮与鉴赏	备具	□优 □良 □差	□优 □良 □差	□优 □良 □差
		布具	□优 □良 □差	□优 □良 □差	□优 □良 □差
		翻杯润具	□优 □良 □差	□优 □良 □差	□优 □良 □差
		取样置茶	□优 □良 □差	□优 □良 □差	□优 □良 □差
		悬壶高冲	□优 □良 □差	□优 □良 □差	□优 □良 □差
		匀汤分茶	□优 □良 □差	□优 □良 □差	□优 □良 □差
		奉茶	□优 □良 □差	□优 □良 □差	□优 □良 □差
态度	举止优雅、热情有礼		□优 □良 □差	□优 □良 □差	□优 □良 □差
	有问必答、耐心服务		□优 □良 □差	□优 □良 □差	□优 □良 □差
提升建议:			综合评价: □优　□良　□差		

课后练习

观看拓展视频，结合所学知识，练习红茶的冲泡方法。进行独立冲泡，并拍摄冲泡过程视频作为课后考核作业。

任务三　青茶的冲泡、品饮与鉴赏

任务描述

青茶俗称乌龙茶，介于绿茶与红茶之间，是具有两种茶特征的一种茶叶。在六大茶类中，青茶的冲泡用具最为讲究，冲泡技艺最精细，冲泡过程最隆重。青茶独具茶韵，初学者要掌握好水温、手法和时间，多次练习，慢慢积累，才能达到操作有序，动作优雅，给品茗者以美的享受。

任务目标

1. 掌握青茶的基本冲泡程序。

2. 掌握紫砂壶冲泡青茶的技法要领、行茶方法。

知识储备

知 识 点 1　　青茶的冲泡

一、冲泡要点

（1）水温　100℃。

（2）置茶量　杯泡时，茶水比例1:22；壶泡时，因茶品不同而异，一般铁观音、冻顶乌龙置放量为壶容积的1/5～1/4。

（3）适用茶具　紫砂壶、瓷壶（杯）、玻璃杯。

（4）冲泡时间　一般第一泡为10～30s，以后顺次延长。

（5）冲泡次数　青茶较耐泡，品质好的可冲8～9泡。

（6）润茶　冲泡青茶需要润茶，润茶时水量没过茶叶即可，速度要快。彩图10为青茶冲泡效果图。

二、常用冲泡手法

（1）洁具手法　右手持煮水器向茶壶上冲淋少许热水，热水流遍壶身；左手提茶壶盖放置茶船中，右手持煮水器沿壶口回转冲入热水至五分满，左手盖好壶盖，双手捧壶轻晃。烫壶后右手提壶，将热水依次倒入公道杯和品茗杯。

（2）高冲手法　右手持煮水器回转手腕向壶内注开水，使水流先从茶壶壶肩开始，逆时针绕圈至壶口、壶心，提高煮水器，令水流在茶壶中心处持续注入。

（3）"凤凰三点头"手法　右手持煮水器靠近紫砂壶壶口注水，再提腕使水流提升，接着再压腕将煮水器靠近紫砂壶继续注水。如此反复3次，恰好注入所需水量即提腕断流收水。

斟茶时，留在茶壶里的最后几滴是味道最浓的，是茶汤的精华部分，所以要分配均匀，以免杯中浓淡不均。为使每个品茗杯中的茶汤浓度一致，色泽、滋味接近，做到平等待客，可将品茗杯成"一"字、"品"字、"田"字排开。

拓展阅读

冲泡青茶为什么要用100℃的开水？

青茶一般使用生长期较长的成熟芽叶制成，冲泡时一般用量比较多。而且青茶中所含芳香物质需要在高温下才能充分挥发。所以，冲泡青茶一般以100℃的沸水最好。

知 识 点 2　　青茶的品饮

品饮青茶时用"三龙护鼎"手法，端起茶杯，先观汤色，再闻其香，后品其味。品饮时一般三口见底。如此，"三口方知回味，三番方能动心"。青茶强调热饮，品茗杯因杯小、香浓、汤热，故饮后杯中仍有余香，这是一种比"汤面香"更深沉、更浓烈的"香韵"，"嗅杯底香"就源于此。

品饮台湾青茶时，稍有不同。泡好的茶汤首先倒入闻香杯，品饮时要先将闻香杯中的茶汤旋转倒入品茗杯，嗅闻香杯中的热香，然后用"三龙护鼎"手法端杯观色，接着再小口品尝，三口饮毕。最后持闻香杯寻杯底冷香，留香越久，表明此茶的品质越佳。

（1）"三龙护鼎"手法　品饮青茶时，用右手拇指和食指捏住品茗杯口沿，中指托住茶杯底部，雅称"三龙护鼎"。

（2）青茶的品饮　青茶很讲究舌品，通常是啜入一口茶水后，用口吸气，让茶汤在舌的两端来回滚动而发生声音，使舌的各个部位充分感受茶汤的滋味，而后徐徐咽下，慢慢体味颊齿留香的感觉。

知识点 3　青茶的鉴赏

青茶的鉴赏以安溪铁观音（彩图11）为例，重点把握以下几点：

1）外形：条索卷曲、壮结、重实，呈青蒂、绿腹、蜻蜓头状。

2）色泽：鲜润，呈砂绿，红点明显，叶表起白霜。

3）香气：馥郁持久，有"七泡留余香"之誉。

4）滋味：醇厚甘鲜，有蜜味。

5）汤色：金黄，浓艳清澈。

6）叶底：肥厚明亮，有光泽。

任务实施

可利用网络查找相关视频，观看青茶冲泡方法，然后分组模拟练习。

步骤 1：备具

茶船、茶道组、品茗杯、闻香杯、茶垫（托）、茶则、公道杯、紫砂壶、盖置、滤网、茶叶罐、茶巾、煮水器。

步骤 2：布具

将茶道组、茶叶罐分别放在茶船的右侧，将品茗杯、闻香杯反扣放至茶船的右侧摆放整齐，将公道杯、紫砂壶、盖置、滤网放在身前茶船上，将茶巾叠好放在身前桌面上，将煮水器放在茶船左侧桌面居中位置。

步骤 3：摆放茶垫

将茶垫摆放在茶船前方桌面上，注意茶垫上图案或字迹正面朝向客人。

步骤 4：翻杯

将倒扣的闻香杯、品茗杯依次翻转过来，一字排开放在茶船上。

步骤 5：温润器具

先温壶，再温洗公道杯、滤网等。

步骤 6：赏茶

用茶则盛茶叶，请客人赏茶。

步骤 7：置茶

将茶轻置壶中，茶叶用量，依茶叶的紧结程度而定。

步骤 8：温润泡

小壶所用的茶叶，多半是球形的半发酵茶，故先温润泡，将紧结的茶球泡松，可使后面的每泡茶汤维持同样的浓度。将温润泡的茶汤注入公道杯，然后分别注入各品茗杯。

步骤 9：温杯

温杯的目的在于提升杯子的温度，使杯底留有茶的余香，温润泡的茶汤一般不饮用。

步骤 10：冲水

用高冲手法冲水，用煮水器向壶中冲入沸水，冲水要一气呵成，不可断续，并掌握好泡茶时间。

步骤 11：斟茶

将浓淡适度的茶汤斟入公道杯中，再分别倒入客人面前的闻香杯中，每位客人皆斟七分满。

步骤 12：双杯翻转

为客人演示，将品茗杯倒扣在闻香杯上翻转过来并置于茶垫上，轻轻旋转将闻香杯提起，闻香、品茗。

任务评价

项　目	评价内容		组内互评	小组自评	教师点评
知识	应知应会	青茶冲泡	□优　□良　□差	□优　□良　□差	□优　□良　□差
		青茶品饮	□优　□良　□差	□优　□良　□差	□优　□良　□差
		青茶鉴赏	□优　□良　□差	□优　□良　□差	□优　□良　□差
能力	青茶的冲泡、品饮与鉴赏	备具	□优　□良　□差	□优　□良　□差	□优　□良　□差
		布具	□优　□良　□差	□优　□良　□差	□优　□良　□差
		摆放茶垫	□优　□良　□差	□优　□良　□差	□优　□良　□差
		翻杯	□优　□良　□差	□优　□良　□差	□优　□良　□差
		温润器具	□优　□良　□差	□优　□良　□差	□优　□良　□差
		赏茶	□优　□良　□差	□优　□良　□差	□优　□良　□差
		置茶	□优　□良　□差	□优　□良　□差	□优　□良　□差
		温润泡	□优　□良　□差	□优　□良　□差	□优　□良　□差
		温杯	□优　□良　□差	□优　□良　□差	□优　□良　□差
		冲水	□优　□良　□差	□优　□良　□差	□优　□良　□差
		斟茶	□优　□良　□差	□优　□良　□差	□优　□良　□差
		双杯翻转	□优　□良　□差	□优　□良　□差	□优　□良　□差
态度	举止优雅、热情有礼		□优　□良　□差	□优　□良　□差	□优　□良　□差
	有问必答、耐心服务		□优　□良　□差	□优　□良　□差	□优　□良　□差
提升建议：			综合评价：□优　□良　□差		

观看拓展视频，结合所学知识，练习青茶的冲泡方法，进行独立冲泡，并拍摄冲泡过程视频作为课后考核作业。

任务四　白茶的冲泡、品饮与鉴赏

任务描述

白茶属轻微发酵茶，是我国茶类中的特殊珍品，素有"绿装素裹"之美称，在众多茶叶品种中，芽头肥壮，汤色黄亮，冲泡后滋味鲜醇可口。白茶制法特异，不炒不揉，茶汁不易浸出，所以冲泡时间较长。冲泡后，茶芽挺立，既可观赏又可品饮，所以需要多次实践，不断练习，方能泡出白茶的毫香蜜韵。

任务目标

1. 掌握白茶的冲泡手法，动作自然、娴熟，给人以美的享受。
2. 学会白茶的品饮方法，提高对白茶的鉴赏能力，享受冲泡白茶的乐趣和美感。

知识储备

知识点 1　白茶的冲泡

冲泡要点

（1）水温　冲泡白茶的水温不宜太高，一般在 80 ～ 85℃。

（2）置茶量　茶与水的比例为 1:50。

（3）适用茶具　玻璃杯、玻璃壶、瓷杯、瓷壶。

拓展阅读

为什么白茶多用 80℃左右的水冲泡?

因为白茶比较细嫩，叶片较薄，所以冲泡水温不宜太高，一般水温在 80℃左右为宜。白茶因未经揉捻，茶汁不易浸出，所以一般要冲泡 3min 左右才出汤。

知识点 2　白茶的品饮

白茶的品茶方法较为独特，这是因为白茶在加工时未经揉捻，茶汁不易浸出，所以冲泡时间较长。冲泡开始时，芽叶都浮在水面，经 5 ～ 6min 后，才有部分茶芽沉落杯底，此时茶芽条条挺立，上下交错，犹如雨后春笋，甚是好看。大约 10min 后，茶汤呈橘黄色。此时，可端杯边观赏、边闻香、边尝味。如此品茶，尘俗尽去，意趣盎然。

知识点 3　白茶的鉴赏

白茶的鉴赏要点以白毫银针为例，重点把握以下几点（彩图 12）：

1）外形：挺直如针，芽头肥壮，满披白毫，色白如银。

2）色泽：色白有光泽。

3）香气：芬芳。

4）滋味：清鲜爽口，醇厚。

5）汤色：浅杏黄色。

6）叶底：肥嫩柔软。

拓展阅读

白毫银针的正宗产地在哪儿？

白毫银针主要产自福建的福鼎、政和两地，素有"茶中美女"和"茶王"的美称，是白茶中的极品。福鼎所产茶芽茸毛厚，色白、富光泽，汤色浅杏黄，味清鲜爽口。政和所产的茶汤味醇厚，香气清芬。

 任务实施

可利用教学资源包或二维码，观看白茶冲泡视频，然后分组模拟练习。

步骤 1：备具

无花纹透明玻璃杯、水盂、茶匙、茶荷、煮水器、茶叶罐。

步骤 2：赏茶

用茶匙轻轻拨取适量茶叶于茶荷中，双手端茶荷展示茶叶，从右侧开始请客人赏形闻香。根据实际情况用简短的语言介绍白毫银针的品质特征和文化背景，引起品茗者的情趣。

步骤 3：洁具

手持煮水器往玻璃杯中注入约 1/3 的开水，洁具的同时温热茶具，减少冲泡时茶汤的温度变化。

步骤 4：置茶

用茶匙轻轻拨出适量茶叶在玻璃杯中待泡。

步骤 5：温润泡

手持煮水器往杯中注入少量开水，让杯中茶叶浸润 10s 左右。

步骤 6：冲泡

手持煮水器高冲注水，冲水杯中至七成满为止，使茶杯中的茶叶上下翻滚，有助于茶叶内含物质浸出，茶汤浓度达到上下一致。

步骤 7：奉茶

双手端玻璃杯将茶送到客人面前，并点头微笑，行伸掌礼。

任务评价

项目	评价内容		组内自评	小组互评	教师点评
知识	应知应会	白茶产地	□优 □良 □差	□优 □良 □差	□优 □良 □差
		白茶制法	□优 □良 □差	□优 □良 □差	□优 □良 □差
		白茶鉴别	□优 □良 □差	□优 □良 □差	□优 □良 □差
能力	白茶的冲泡、品饮与鉴赏	备具	□优 □良 □差	□优 □良 □差	□优 □良 □差
		赏茶	□优 □良 □差	□优 □良 □差	□优 □良 □差
		洁具	□优 □良 □差	□优 □良 □差	□优 □良 □差
		置茶	□优 □良 □差	□优 □良 □差	□优 □良 □差
		温润泡	□优 □良 □差	□优 □良 □差	□优 □良 □差
		冲泡	□优 □良 □差	□优 □良 □差	□优 □良 □差
		奉茶	□优 □良 □差	□优 □良 □差	□优 □良 □差
态度	举止优雅、热情有礼		□优 □良 □差	□优 □良 □差	□优 □良 □差
	有问必答、耐心服务		□优 □良 □差	□优 □良 □差	□优 □良 □差
提升建议：			综合评价：□优　□良　□差		

课后练习

结合所学知识，练习白茶的冲泡方法。选择一种白茶进行独立冲泡，并拍摄冲泡过程视频作为课后考核作业。

任务五　黑茶的冲泡、品饮与鉴赏

任务描述

黑茶属于后发酵茶，放置时间越长越好，以独特的风味和优异的品质享誉国内外，是我国特有的茶类。每种黑茶茶性各异，只有熟悉所泡茶叶的个性，掌握好水温、置茶方法、冲泡时间等，再通过娴熟的冲泡手法，才能展现出茶叶的个性美。

任务目标

1. 掌握黑茶的冲泡手法，动作自然、娴熟，给人以美的享受。
2. 学会黑茶的品饮方法，提高对黑茶的鉴赏能力，享受冲泡黑茶的乐趣和美感。

知识点 1 黑茶的冲泡

一、冲泡要点

（1）水温　黑茶要用 100℃的沸水冲泡。

（2）置茶量　茶叶约占茶壶容积的 2/5 或 1/3。

（3）适用茶具　用紫砂壶冲泡，用瓷或玻璃品茗杯品饮。

（4）冲泡次数　黑茶耐泡，但也不要长时间浸泡，以免苦涩味重，难以下咽。一般第一次浸泡时间为 30s 至 1min，从第二泡起每泡累加 20s，根据个人口味可冲泡 5～10 次。

二、常用冲泡手法

高冲低斟手法：右手提壶靠近盖碗口注水，再提腕使水流提升，接着压腕将开水壶靠近茶碗继续注水。

知识点 2 黑茶的品饮

黑茶的品饮重在寻香探色，为了更好地观赏茶汤，一般选用白瓷或透明玻璃品茗杯。先观汤色，后闻其香，最后细细品啜。如果是陈年的普洱茶，则应在品饮的过程中去细细体味经长期贮存而形成的"陈香"，其内香潜发，味醇甘滑，正是陈年普洱茶特殊的品质风格。

拓展阅读

普洱茶是黑茶类中饮用较为普遍的品种，经过长期存放，茶中的茶多酚类物质在温湿条件下不断氧化，形成"陈香"这一特殊的品质风格。贮存时间越长，其滋味和香气愈加醇香，品质也越好。一般普洱茶可选用紫砂壶或盖碗冲泡，但遇贮存年限较长的（如 60 年以上）普洱茶，建议用煮饮法。

知识点 3 黑茶的鉴赏

黑茶鉴赏以普洱散茶（彩图 13）为例，须重点把握以下几点：

1）外形：条索粗壮、肥大。

2）色泽：褐红。

3）香气：陈香。

4）滋味：醇厚回甘。

5）汤色：红浓明亮。

6）叶底：褐红，呈深猪肝色。

任务实施

可利用教学资源包或二维码，观看黑茶冲泡视频，然后分组模拟练习。

活动 普洱茶盖碗冲泡法

步骤 1： 备具

茶盘、盖碗、公道杯、品茗杯、茶荷、茶匙、煮水器、水盂。

步骤 2： 温壶烫盏

手持煮水器将沸水注入盖碗约 1/3 处，再将盖碗中的沸水倒入公道杯和品茗杯中。

步骤 3： 置茶

用茶匙轻轻拨取适量茶叶入盖碗。

步骤 4： 洗茶

手持煮水器将沸水高冲入盖碗，使盖碗中的茶叶随水流快速翻滚，达到充分洗涤的目的。

步骤 5： 泡茶

手持煮水器再次将沸水用高冲低斟手法冲入盖碗中。

步骤 6： 出汤

将盖碗中的茶汤倒入公道杯中。

步骤 7： 分茶

把公道杯中的茶汤均匀倒入每一个品茗杯中，以七成满为宜。再把每一杯茶汤恭敬地奉给客人，并点头微笑，行伸掌礼。

任务评价

项　目	评价内容		组内自评	小组互评	教师点评
知识	应知应会	黑茶特征	□优 □良 □差	□优 □良 □差	□优 □良 □差
		黑茶制法	□优 □良 □差	□优 □良 □差	□优 □良 □差
		黑茶鉴别	□优 □良 □差	□优 □良 □差	□优 □良 □差
能力	普洱茶盖碗冲泡	备具	□优 □良 □差	□优 □良 □差	□优 □良 □差
		温壶烫盏	□优 □良 □差	□优 □良 □差	□优 □良 □差
		置茶	□优 □良 □差	□优 □良 □差	□优 □良 □差
		洗茶	□优 □良 □差	□优 □良 □差	□优 □良 □差
		泡茶	□优 □良 □差	□优 □良 □差	□优 □良 □差
		出汤	□优 □良 □差	□优 □良 □差	□优 □良 □差
		分茶	□优 □良 □差	□优 □良 □差	□优 □良 □差
态度	举止优雅、热情有礼		□优 □良 □差	□优 □良 □差	□优 □良 □差
	有问必答、耐心服务		□优 □良 □差	□优 □良 □差	□优 □良 □差
提升建议：				综合评价：□优　□良　□差	

结合所学知识，练习黑茶的冲泡方法，能独立冲泡，并拍摄冲泡过程视频作为课后考核作业。

任务六　黄茶的冲泡、品饮与鉴赏

任务描述

黄茶属微发酵茶，制作工序与绿茶相似，它最重要的工序在于闷堆，所以黄茶的品质特点是"黄汤黄叶"。黄茶的冲泡过程非常注重观赏性，因此需要多次实践，慢慢积累，才能泡出一杯汤色金黄、色泽光亮、富于观赏性的黄茶。

任务目标

1. 通过学习使学生掌握黄茶的冲泡手法，动作自然、娴熟，给人以美的享受。
2. 学会黄茶的品饮方法，提高对黄茶的鉴赏能力，享受冲泡黄茶的乐趣和美感。

知识储备

知识点 1　黄茶的冲泡

黄茶的冲泡要点如下：

（1）水温　80℃左右。

（2）投茶量　茶水比例为1:50。

（3）适用茶具　玻璃杯、瓷杯。

拓展阅读

黄茶的冲泡方法注重观赏性，由于黄茶与名优绿茶相比，原料更为细嫩，因此十分强调茶的冲泡技术和程序。

知识点 2　黄茶的品饮

黄茶类中君山银针的品饮最具代表性。君山银针为单芽制作，在品饮过程中突出对杯中茶芽的欣赏，可以说君山银针是一种以赏景为主的特种茶。品饮黄茶时，主要是观其形。因此，黄茶适合用无色透明玻璃杯冲泡，这样可以观察到茶芽在水中林立的景象。

刚冲泡的君山银针是横卧水面的。当盖上玻璃片后，茶芽吸水下沉，芽尖产生气泡，犹如雀舌含珠。继而茶芽个个直立杯中，似春笋出土，如刀枪林立。接着沉入杯底的直立茶芽，少数在芽尖气泡的浮力作用下再次浮升。打开玻璃杯盖片，一缕白雾从杯中冉冉升起，缓缓消失，此时端起茶杯，顿觉清新袭鼻。闻香之后，自然就是品茶尝味了。君山银针的茶汤口感醇厚、鲜爽、甘甜，别有一番滋味在心头。

茶艺

实训教程

拓展阅读

　　黄茶是沤茶，在沤的过程中会产生大量的消化酶，对脾胃最有好处，有助于缓解消化不良，食欲不振。同时黄茶能穿入脂肪细胞，使脂肪细胞在消化酶的作用下恢复代谢功能，将脂肪化除。黄茶中富含茶多酚、氨基酸、可溶糖、维生素等丰富营养物质，对防治食道癌有明显功效。此外，黄茶鲜叶中的天然物质保留85%以上，而这些物质对防癌、抗癌、杀菌、消炎均有特殊效果，为其他茶叶所不及。

知识点 3　黄茶的鉴赏

黄茶鉴赏以君山银针为例，须重点把握以下几点：

1）外形：芽头肥壮挺直、匀齐，满披茸毛。

2）色泽：金黄泛光。

3）香气：香气清鲜。

4）滋味：甜爽。

5）汤色：浅黄。

6）叶底：黄明。

拓展阅读

君山银针的正宗产地在哪儿？

　　君山银针产于湖南省岳阳市洞庭湖君山，是黄茶中的珍品。

　　君山是一个小岛，与千古明楼岳阳楼隔湖相对。岛上土地肥沃，雨量充沛，竹木相覆，郁郁葱葱，春夏季湖水蒸发，云雾弥漫，这样的自然环境非常适宜种茶。

　　君山银针芽头茁壮，长短大小均匀，内呈橙黄色，外裹一层白毫，故得雅号"金镶玉"，又因茶芽外形很像一根根银针，故名君山银针。

任务实施

可利用网络查找相关视频，观看黄茶冲泡方法，然后分组模拟练习。

 活动　君山银针玻璃杯冲泡法

步骤 1：备具

无花纹透明玻璃杯、杯托、杯盖、茶叶罐、茶匙、茶荷、煮水器等。

步骤 2：赏茶

用茶匙轻轻拨取适量茶叶于茶荷中，从右侧开始请客人赏形闻香。根据实际情况用简短的语言介绍君山银针的品质特征和文化背景，引起品茗者的情趣。

步骤 3：洁具

手持煮水器往杯中倒入 1/3 的开水，洁具的同时温热茶具，减少冲泡时茶汤的温度变化。

步骤 4：置茶

一手端茶荷，一手持茶匙，轻轻拨取干茶，放入茶杯待泡。

步骤 5：高冲

手持煮水器将 70℃ 左右的水，先快后慢地冲入茶杯约 1/3 处，使茶芽湿透。稍后再充至七成满为止。冲泡后的君山银针，往往浮卧汤面，这时将杯盖盖在茶杯上，使茶芽均匀吸水，快速下沉。5min 后，去掉杯盖。

步骤 6：赏茶

君山银针经冲泡后，在水和热的作用下，茶芽渐次直立，上下沉浮，芽尖挂着晶莹的气泡，是冲泡其他茶类时罕见的。大约冲泡 10min 后，就可以品饮了。

步骤 7：奉茶

双手端玻璃杯将茶送到客人面前，并点头微笑，行伸掌礼。

任务评价

项　目	评价内容		组内自评			小组互评			教师点评		
知识	应知应会	黄茶特征	□优	□良	□差	□优	□良	□差	□优	□良	□差
		黄茶制法	□优	□良	□差	□优	□良	□差	□优	□良	□差
		黄茶鉴别	□优	□良	□差	□优	□良	□差	□优	□良	□差
能力	黄茶冲泡、品饮与鉴赏	备具	□优	□良	□差	□优	□良	□差	□优	□良	□差
		赏茶	□优	□良	□差	□优	□良	□差	□优	□良	□差
		洁具	□优	□良	□差	□优	□良	□差	□优	□良	□差
		置茶	□优	□良	□差	□优	□良	□差	□优	□良	□差
		高冲	□优	□良	□差	□优	□良	□差	□优	□良	□差
		赏茶	□优	□良	□差	□优	□良	□差	□优	□良	□差
		奉茶	□优	□良	□差	□优	□良	□差	□优	□良	□差
态度	举止优雅、热情有礼		□优	□良	□差	□优	□良	□差	□优	□良	□差
	有问必答、耐心服务		□优	□良	□差	□优	□良	□差	□优	□良	□差
提升建议：						综合评价：□优　　□良　　□差					

课后练习

结合所学知识，练习黄茶的冲泡方法。选择一种黄茶进行独立冲泡，并拍摄冲泡过程视频作为课后考核作业。

项目五　茶艺表演

　　茶艺表演在我国自古有之,自从陆羽《茶经》系统地规范了采茶、制茶、煮茶和饮茶的程序与必要条件以来,饮茶已形成一套系统。随着社会的发展,人们不仅为了解渴而饮茶,而开始讲究环境、气氛、音乐和冲泡手法等。焚香、点茶、插花、挂画逐渐成为一个整体,形成茶艺表演的系统,使人们在欣赏茶艺表演的过程中得到美的享受。

　　茶艺表演是在茶艺的基础上产生的,通过不同冲泡技艺的形象演示,科学地、艺术地、生活化地展示泡饮过程。

任务一　初识茶艺表演

任务描述

焚香、点茶、插花、挂画统称为茶艺表演的"四艺"。同学们不仅要了解茶艺表演的相关知识，更要掌握泡茶的基本手法，这是茶艺表演的基础。所以在学习泡茶基本手法时，要严格要求自己，一招一式皆有法度，不能随意、散漫。通过不断练习，达到动作熟练、规范，为以后学习茶艺表演打下扎实基础。

任务目标

1. 了解茶艺表演的"四艺"。
2. 掌握各种泡茶基本手法，动作熟练、规范。
3. 培养良好的服务意识，能准确回答客人提出的问题，具有一定的应变能力。

知识储备

知识点 ❶　茶艺表演的音乐

因为音乐可以陶冶情操，提高素养，所以在茶艺表演过程中常用音乐来营造意境。高雅的茶艺馆宜选播以下三类音乐。

1. 我国古典名曲

我国古典名曲幽婉深邃，韵味悠长，有一种令人回肠荡气、销魂摄魄之美。但不同乐曲所反映的意境是不同的，茶艺馆要根据季节、天气、时辰、宾客身份以及茶事活动的主题，有针对性地选择音乐播放。例如，反映月下美景的有《春江花月夜》《月儿高》《霓裳曲》《彩云追月》《平湖秋月》等；反映山水之音的有《流水》《汇流》《潇湘水云》《幽谷清风》等；反映思念之情的有《塞上曲》《阳关三叠》《情乡行》《远方的思念》等；拟禽鸟之声的有《海青拿天鹅》《平沙落雁》《空山鸟语》《鹧鸪飞》等。此类音乐所营造的古典意境，牵引茶人回归自然，追寻自我，用音乐促进茶人的心与茶对话，与自然对话。

2. 近代作曲家为品茶而谱写的音乐

此类音乐如《闲情听茶》《香飘水云间》《桂花龙井》《清香满山月》《乌龙八仙》《听壶》《一筐茶叶一筐歌》《奉茶》《幽兰》《竹乐奏》等，富有意境。听这些乐曲可使茶人的心徜徉于茶的无垠世界中，让心灵随着茶香飞到更美、更雅、更温馨的茶的洞天府第中去。

3. 精心录制的大自然之声

如山泉飞瀑、小溪流水、雨打芭蕉、风吹竹林、秋虫鸣唱、百鸟啁啾、松涛海浪等都是精心录制出来的极美的音乐，我们称之为"天籁"，也称其为"大自然的箫声"。

音乐把自然美渗透进茶人的灵魂，会引发茶人心中潜藏的美的共鸣，为品茶创造一个如沐春风的美好意境。

知识点 2　茶艺表演的插花

　　茶艺插花讲求的是品味，珍视的是天地慧黠之气所凝成的形色之美，以寓意于物，而不留意于物的道理，创造无可名之形，而把握内在的精神。

　　茶艺插花的手法以简约为主，花、器一体，达到应情适意的目的。插花以奇数单一为原则，往往是一花三叶或一花五叶，无论花、叶都以奇数为好，不对称，不刻板，令人有余味之感。若花有两朵，取其一开一合或一正一侧四片叶子时，使其中一片见其背面，表阴叶之美。四片叶子不称四叶而称三叶半。花开为阳，合而为阴；叶正为阳，背而为阴，阴阳互生，给人以美的享受。花器可选择碗、盘、缸、筒、篮等，插花完毕后应选配台座、衬板、花几等配件。器小而精巧、纯朴，以衬托品茗环境，借以表达茶室主人的性情，也可寓意季节，突出茶会主题。

　　插好的花多摆放在表演者的右后方，距离约一臂长为宜。摆放的位置较低，以便客人坐赏。插花与焚香尽可能保持较远的距离，花下不可焚香，焚香时香案要高于花台座。

　　品茶赏花是茶艺的一部分，茶艺插花的作用在于配合环境，追求茶趣。

知识点 3　茶艺表演的熏香

　　茶艺表演的熏香要精心选择。中国人焚香的历史悠久，早在战国时代就已开始，到了汉代就有焚香专属的炉具。焚香需要香具，依散发香气的方式来说，可分为燃烧、熏炙、自然散发三种。燃烧的香品有以香草、沉香木做成的香丸、线香、盘香、环香、香粉；熏炙的香品有龙脑等树脂性的香品；自然散发的香品有香油、香花等。

　　焚香是以燃烧香品散发香气，因此，在品茗焚香时所用的香品、香具是有选择性的。

　　（1）配合茶叶选择香品　浓香的茶需要焚较重的香品；幽香的茶适宜焚较淡的香品。

　　（2）配合时空选择香品　春天、冬天宜焚较重的香品；夏天、秋天宜焚较淡的香品。空间大宜焚较重的香品；空间小宜焚较淡的香品。

　　（3）选择香具　焚香必须配备香具，品茗焚香的香具以香炉为最佳选择。

　　（4）选择焚香效果　焚香除了散发的香气，香烟也是非常重要的，不同的香品会产生不同的香烟；不同的香具也会产生不同的香烟，欣赏袅袅的香烟是一种美的享受。

知识点 4　茶艺表演的茶挂

　　茶艺表演的茶挂，源头可以追溯到唐代陆羽《茶经》的最后一篇。品茗时，看着挂图，对于茶的知识就更加清楚明白了。由此演变发展到宋代，茶挂就不是单一的挂图了，有挂画的，也有挂字的，一般不挂花，因易和插花重复。所挂之画，以写意的水墨画为多，颜色不宜过分艳丽，以免粗俗或喧宾夺主，而裱装以轴装为上，屏装次之，框装又次之。

知识点 5 茶艺表演的基本流程

（1）准备阶段 指接受茶艺表演任务之时到表演之前这一阶段。准备阶段工作包括礼仪准备、知识准备和茶具准备。准备的内容根据实际情况的不同有所增减，但必须保证表演活动顺利进行。

（2）操作阶段 指泡茶的整个过程，包括出场、行礼、沏泡、出汤、敬客、品饮等。要求茶艺师操作流畅、手法娴熟、动作优雅，保质保量完成表演。

（3）结束阶段 指表演完成至退场这一阶段，主要为收拾工作，包括洁具、收具、行礼、退场等，并完成服务场所的清洁工作，整理好所有器具。

任务实施

法无定法，对于一个真正的茶道高手来说，很多手法都会根据实际情况略有改变，但是我们在开始练习时，必须苦练一些最基本的动作，这样在展示的时候才能做到胸有成竹。

活动一 基本手法练习——取用器物

（1）捧取 以女性坐姿为例（图5-1）。放于前方桌沿的双手向两侧平移至肩宽，双手掌心相对，捧住物品基部，移至需安放的位置，轻轻放下后双手收回；再去捧第二件物品，直至动作完毕复位。多用于捧取茶叶罐、茶筒等物品。

（2）端取 双手伸出及收回动作同捧取法（图5-2）。双手手心相对，掌心下凹，平稳移动物品。多用于端取赏茶盘、茶巾盘、扁形茶荷、茶匙、茶点等。

图 5-1 捧取法

图 5-2 端取法

活动二 基本手法练习——置茶

1. 开闭茶叶罐

打开套盖式茶叶罐（图5-3），双手捧住茶叶罐，两手大拇指用力向上推罐盖，将盖子放在右手边，取完茶叶后，取盖扣回茶叶罐。

打开有盖纽的茶叶罐（图5-4），双手捧住茶叶罐，右手大拇指、食指与中指捏住盖纽，向上提盖打开，将盖子放到右手边，取完茶叶后再按前法盖回盖子。

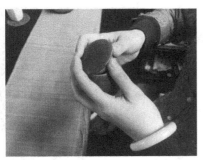
图 5-3　打开套盖式茶叶罐

图 5-4　打开有盖纽的茶叶罐

2. 取茶叶

左手横握已开盖的茶叶罐，将开口端移至茶荷斜上方；右手持茶匙，伸进茶叶罐中，将适量茶叶轻轻拨进茶荷内，盖好茶叶罐，放回原处（图 5-5）。

3. 投茶叶

左手端茶荷，右手持茶匙，用茶匙将茶叶轻轻拨进冲泡具中（图 5-6）。

图 5-5　取茶叶

图 5-6　投茶叶

 活动三　基本手法练习——提壶

1. 侧提壶

（1）大型壶　右手食指、中指勾住壶把，大拇指与食指相搭；左手食指、中指按住壶纽或盖；右手用力提壶（图 5-7）。

（2）中型壶　右手食指、中指勾住壶把，大拇指按住壶盖一侧，提壶。

（3）小型壶　右手拇指与中指勾住壶把，食指前伸呈弓形压住壶盖的盖纽或其基部，无名指与小拇指并列抵住中指，提壶。

图 5-7　大型壶提壶手法

2. 飞天壶

右手大拇指按住盖纽，其余四指勾握壶把，提壶。

3. 握把壶

右手大拇指按住盖纽或盖的一侧，其余四指握壶把，提壶。

图 5-8　提梁壶

4. 提梁壶

右手除中指外的四指握住偏右侧的提梁，中指抵住壶盖，提壶（图 5-8，若提梁较高，则无法抵住壶盖。此时五指同时握提梁右侧，提壶）。或者用双手法，右手握提梁把，左手食指、中指按壶的盖纽或壶盖。

5. 无把壶

右手虎口分开，平稳握住茶壶口两侧外壁（食指也可抵住盖纽），提壶。

 活动四　基本手法练习——握杯

1. 闻香杯

右手虚握成空心拳状，将闻香杯直握在拳心，或者双手掌心相对虚握成合十状，把闻香杯捧在两手间（图 5-9）。

2. 品茗杯

右手大拇指、食指握杯两侧，中指抵住杯底，无名指及小指自然弯曲；大拇指、食指、中指喻为三龙，茶杯喻为鼎，被称为"三龙护鼎"（图 5-10）。女士可把食指与小指微翘，呈兰花指状，左手指尖托住杯底。

图 5-9　握杯手法——闻香杯

图 5-10　握杯手法——品茗杯

3. 盖碗

右手虎口分开，大拇指与中指扣在杯身两侧，食指屈伸按在盖纽下凹处，无名指和小指搭扶碗壁。女士可双手把盖碗连同杯托端起，置于左手掌心，无名指及小指可微外翘，做兰花指状（图 5-11）。

4. 直筒玻璃杯

右手轻握杯身（注意不要捏住杯口），左手食指和中指指尖轻托杯底（图 5-12）。

图 5-11　握杯手法——盖碗　　　　　　　图 5-12　握杯手法——直筒玻璃杯

5. 大茶杯

无柄杯的握杯手法是右手握住茶杯基部，女士可用左手食指和中指指尖托杯底。

有柄杯的握杯手法是右手食指、中指勾住杯柄，女士可用左手食指和中指指尖轻托杯底。

 活动五　基本手法练习——温具

1. 温壶

（1）开盖　右手大拇指、食指和中指按在盖纽上，揭开壶盖，提腕按半圆形轨迹将壶盖放到盖置或茶船上（图 5-13）。

（2）注汤　右手提煮水器，逆时针方向回转手腕一圈，低斟，使水流从茶壶口冲进；然后提腕使煮水器中的水高冲入茶壶（图 5-14）；等注水量为茶壶的 1/3 时再压腕低斟，使煮水器及时断水，轻轻放回原处。

（3）加盖　左手操作，将开盖顺序颠倒即可。

（4）荡壶　双手取茶巾横放在左手手指部位，右手三指握茶壶把，将壶放在左手茶巾上，双手捧壶按逆时针方向转动手腕，如滚球动作，使壶身各部分充分接触开水，令壶中冷气消失（图 5-15）。

（5）倒水　根据茶壶的样式，以正确的提壶手法把水倒进水盂。

图 5-13　温壶手法——开盖　　　　图 5-14　温壶手法——注汤　　　　图 5-15　温壶手法——荡壶

2. 温杯

（1）直筒玻璃杯　右手提煮水器，逆时针转动手腕，使水流沿杯内壁注入，往杯中注入 1/3 的开水后提腕断水，逐个注水，完毕后煮水器复位。右手握茶杯中部，左手轻托杯底，右手手腕逆时针转动，双手捧杯使玻璃杯各部分与开水充分接触，涤荡后将开水倒入水盂，放下茶杯（图5-16）。

（2）小茶杯　把小茶杯排成一字形或者圆圈状，右手提煮水器，用往返斟水法或循环斟水法向各杯内注入开水至满，煮水器复位；右手大拇指、食指与中指端起一只茶杯侧放到邻近一只杯中，用无名指勾动杯底如"招手"状拨动茶杯，令其旋转，使杯内外均用开水烫到。复位后取另一茶杯再温，直到最后一只茶杯，杯中温水轻荡后倒掉。

图5-16　温玻璃杯手法

3. 温盖碗

（1）斟水　盖碗的碗盖反放着，盖碗靠近身体一侧的盖和碗口处留一个小缝隙，右手提煮水器逆时针向盖内注水，等开水顺小缝隙流入碗内约1/3容量时，提腕断水，煮水器复位（图5-17）。

（2）翻盖　右手如握笔状取茶匙插到缝隙里，左手手背朝外护在盖碗外侧，手掌轻靠碗沿（图5-18）；右手用茶匙从内向外拨动碗盖，左手用大拇指、食指和中指把翻起的碗盖正盖在碗上（图5-19）。

（3）烫碗　右手大拇指和中指搭在盖碗内外两侧，食指屈伸抵住盖纽下凹处；左手托碗底，端起盖碗，右手手腕呈逆时针转动，双手协作使盖碗内各部位接触热水后，放回原位（图5-20）。

（4）倒水　右手提盖纽把碗盖靠右斜盖，即在盖碗左侧留一小缝隙，端起盖碗移到水盂上，向左侧翻手腕，水从盖碗左侧缝隙中流入水盂。

图5-17　温盖碗法——斟水

图5-18　温盖碗法——翻盖1

图5-19　温盖碗法——翻盖2

图5-20　温盖碗法——烫碗

4. 温盅及滤网

（1）开盖　左手大拇指、食指和中指按在盖纽上，揭开盅盖，提腕依半圆形轨迹将壶盖放到盖置或茶船上，把滤网放到盅内。

（2）其他动作　同温盖碗法。

活动六　基本手法练习——冲泡

（1）单手回转冲泡法　右手提煮水器，手腕逆时针回转，使水流沿茶壶口（茶杯口）内壁冲入茶壶（杯）内。注意开水柱不要直接浇在茶叶上，应打在茶壶（杯）的内壁上，以免烫坏茶叶。

（2）双手回转冲泡法　如果煮水器比较沉，可用此法冲泡。双手取茶巾置于左手手指部位，右手提壶，左手垫茶巾部位托住壶底；右手手腕逆时针回转，令水流沿茶壶口（茶杯口）内壁冲入茶壶（杯）内。

（3）凤凰三点头冲泡法　用手提煮水器高冲低斟反复3次。高冲低斟是指右手提壶靠近茶杯（茶碗）口注水，再提腕将煮水器提升，接着仍压腕将煮水器靠近茶杯（茶碗）继续注水。如此反复3次，恰好注入所需水量即提腕断流收水。

（4）回转高冲低斟法　冲泡青茶时常用此法。先用单手回转法，右手提煮水器注水，使水流先从壶肩开始，逆时针绕圈至壶口、壶心，提高煮水器，令水流在茶壶中心处持续注入，直至七分满时压腕低斟（同单手回转手法）；水满后提腕，断水。淋壶时也用此法，水流从壶肩到壶盖，再到盖纽，逆时针打圈浇淋。

活动七　基本手法练习——翻杯

（1）无柄杯翻杯手法　右手虎口向下、手背向左（即反手）握面前茶杯的左侧基部，左手位于右手手腕下方，用大拇指和虎口部位轻托在茶杯的右侧基部（图5-21）；双手同时翻杯，两手相对捧住茶杯，轻轻放下（图5-22）。对于很小的茶杯，如青茶泡法中的饮茶杯，可用单手翻杯，即手心向下，用大拇指与食指、中指三指握住茶杯外壁，向内转动手腕成手心向上，轻轻将翻好的茶杯置于杯托上。

图5-21　翻杯手法1　　　　　　　图5-22　翻杯手法2

（2）有柄杯翻杯手法　右手虎口向下、手背向左（即反手），食指插入杯柄环中，用大拇指、食指、中指三指捏住杯柄，左手手背朝上，用大拇指、食指与中指轻扶茶杯右侧基部；双手同时向内转动手腕，茶杯翻好，轻置杯托上。

活动八　基本手法练习——品饮

青茶潮汕品饮法：右手以"三龙护鼎"手法握杯，女士须用左手托杯底，举杯近鼻端用力嗅闻茶香。接着将杯移远，欣赏汤色，最后举杯，分 3 口缓缓喝下，茶汤在口腔内应停留一阵儿，使舌尖两侧及舌面、舌根充分领略滋味。喝毕，握杯再闻杯底香，用双手掌心将茶杯捂热，令香气进一步散发出来；也可单手握杯，将茶杯夹在虎口部位，来回转动，嗅闻香气。

活动九　基本手法练习——茶巾折叠法

正方形茶巾折叠九层式：以横折法为例，将正方形的茶巾平铺桌面，将下端向上平折至茶巾 2/3 处，接着将茶巾对折；然后将茶巾右端向左竖折至 2/3 处，最后对折即成正方形。将折好的茶巾放茶船中，折口朝内。详见图 5-23 ～图 5-27。

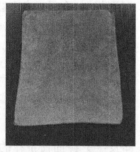

图 5-23　茶巾折叠九层式分解图 1

图 5-24　茶巾折叠九层式分解图 2

图 5-25　茶巾折叠九层式分解图 3

图 5-26　茶巾折叠九层式分解图 4

图 5-27　茶巾折叠九层式分解图 5

拓展阅读

泡茶基本操作手法遵循的要领：柔和优美，不僵硬死板；简洁明快，不拖泥带水；圆融流畅，不直来直往；连绵自然，不时断时续；寓意雅正，不故弄玄虚。

项　目		评价内容	组内自评	小组互评	教师点评
知识	应知应会	茶艺表演的音乐	□优　□良　□差	□优　□良　□差	□优　□良　□差
		茶艺表演的插花	□优　□良　□差	□优　□良　□差	□优　□良　□差
		茶艺表演的熏香	□优　□良　□差	□优　□良　□差	□优　□良　□差
		茶艺表演的茶挂	□优　□良　□差	□优　□良　□差	□优　□良　□差
		基本流程	□优　□良　□差	□优　□良　□差	□优　□良　□差
能力	基本手法	取用器物	□优　□良　□差	□优　□良　□差	□优　□良　□差
		置茶	□优　□良　□差	□优　□良　□差	□优　□良　□差
		提壶	□优　□良　□差	□优　□良　□差	□优　□良　□差
		握杯	□优　□良　□差	□优　□良　□差	□优　□良　□差
		温具	□优　□良　□差	□优　□良　□差	□优　□良　□差
		冲泡	□优　□良　□差	□优　□良　□差	□优　□良　□差
		翻杯	□优　□良　□差	□优　□良　□差	□优　□良　□差
态度		积极主动、热情礼貌	□优　□良　□差	□优　□良　□差	□优　□良　□差
		有问必答、人性化服务	□优　□良　□差	□优　□良　□差	□优　□良　□差
提升建议：			综合评价：□优　　□良　　□差		

课后练习

熟练掌握本任务介绍的几种基本手法，达到熟练、流畅的程度。

任务二　绿茶茶艺表演

任务描述

茶艺表演是各类茶馆中不可或缺的茶事内容，也是对茶艺师综合素质的考量。在茶艺表演中，不仅要熟悉各类茶叶的基本知识和茶文化，还要通过优雅的冲泡手法，给品茗者美的享受。这就要求同学们熟练掌握绿茶茶艺表演的各个步骤，模拟不同环境进行练习，不断提高自身的茶艺水平，为将来的就业打好基础。

任务目标

1. 掌握用玻璃杯冲泡绿茶的程序。
2. 能熟练、规范地展示玻璃杯冲泡绿茶的步骤。
3. 培养良好的服务意识，能向服务对象介绍玻璃杯冲泡绿茶的过程。
4. 体会中国茶文化的博大精深，给服务对象艺术的熏陶和美的享受。

知识储备

中国的名优绿茶种类繁多，优质细嫩的绿茶兼具"色、香、味、形"的优点。为了便于欣赏绿茶的姿态、汤色和叶底，防止水温过高使茶叶受闷，一般选择无盖玻璃杯来冲泡。

（1）准备阶段　包括礼仪准备、知识准备和茶具准备。礼仪准备、知识准备在前面的项目中有详细介绍，这里主要介绍绿茶茶艺表演需要的茶具准备。

茶具准备：无花纹透明玻璃杯（根据实际客人情况准备数量）、煮水器、水盂、茶匙、茶荷、茶叶罐、香、香炉、茶巾、茶盘（图5-28）。

（2）操作阶段　泡茶的整个过程，包括出场、行礼、沏泡、出汤、敬客、品饮等。本书所介绍的绿茶茶艺表演的基本流程为：焚香—赏茶—温杯—投茶—润茶—冲水—泡茶—奉茶—赏茶—闻香—品茗（流程中有两个赏茶，前者是赏干茶，后者是赏泡开后的茶叶）。

图5-28　绿茶茶艺表演——备具

（3）结束阶段　此阶段的工作包括洁具、收具、行礼、退场等。完成表演场所的清洁工作，整理好所有器具，做到自始至终给人以美的享受。

任务实施

绿茶茶艺表演解说词如下。

各位来宾，大家好！我在这里为大家演示的是绿茶茶艺表演，今天选用的是金坛雀舌。

第一道　焚香：焚香除妄念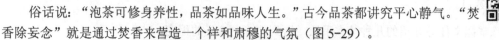

俗话说："泡茶可修身养性，品茶如品味人生。"古今品茶都讲究平心静气。"焚香除妄念"就是通过焚香来营造一个祥和肃穆的气氛（图5-29）。

图5-29　绿茶茶艺表演——焚香除妄念

第二道　赏茶：佳茗齐品鉴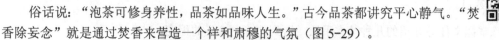

品茶之前首先要鉴赏干茶的外形、色泽和气味。绿茶是我国产量最多的一类茶叶。绿茶叶色嫩绿、汤色明亮、香气清雅，十分诱人，具有绿叶清汤的品质特征。代表品种有龙井、碧螺春、雀舌等。今天为大家冲泡的是本地名优绿茶金坛雀舌（图5-30）。

图5-30　绿茶茶艺表演——佳茗齐品鉴

茶艺

实训教程

第三道　温杯：冰心去凡尘

茶，是天涵地育的灵物，泡茶要求所用的器皿必须至清至洁。"冰心去凡尘"就是用开水再烫一遍干净的玻璃杯，做到茶杯冰清玉洁，一尘不染（图5-31）。

图 5-31　绿茶茶艺表演——冰心去凡尘

第四道　投茶：清宫迎佳人

苏东坡有诗云："戏作小诗君勿笑，从来佳茗似佳人。""清宫迎佳人"就是用茶匙把茶叶投放到冰清玉洁的玻璃杯中（图5-32）。

图 5-32　绿茶茶艺表演——清宫迎佳人

第五道　润茶：甘露润莲心

好的绿茶外观如莲心，乾隆皇帝把茶叶称为"润莲心"。"甘露润莲心"就是在开泡前先向杯中注入少许热水，起到润茶的作用（图5-33）。

图 5-33　绿茶茶艺表演——甘露润莲心

第六道　冲水：凤凰三点头

冲泡绿茶时讲究高冲入水，在冲水时水壶有节奏地三起三落，茶叶在杯中上下翻动，促使茶汤均匀，好比是凤凰向各位点头致意，以示欢迎（图5-34）。

图 5-34　绿茶茶艺表演——凤凰三点头

第七道　泡茶：碧玉沉清江

在热水的浸泡下，茶叶先是浮在水面上，而后慢慢沉入杯底的过程，我们称之为"碧玉沉清江"（彩图14）。

第八道　奉茶：仙人捧玉瓶

佛教中观音菩萨手捧一只玉净瓶，净瓶中的甘露可消灾祛病，救苦救难。我们将泡好的香茗敬奉给各位，称之为"仙人捧玉瓶"（图5-35），意在祝福大家一生平安。

图 5-35　绿茶茶艺表演——仙人捧玉瓶

第九道　赏茶：春波展旗枪

这道程序是绿茶茶艺的特色程序。杯中注入热水后如春波荡漾，在热水的浸泡下，茶芽缓缓地舒展开来，尖尖的叶芽如枪，展开的叶片如旗。一芽一叶的称为"旗枪"，一芽两叶的称为"雀舌"。在品茶之前，先观赏在清碧澄净的茶水中，千姿百态的茶芽随波晃动，仿佛有生命的绿精灵在舞蹈，十分生动有趣。

第十道　闻香：慧心闻茶香

品绿茶要一看、二闻、三品味，在欣赏过"春波展旗枪"之后，要闻一闻茶香（图5-36）。绿茶与花茶、青茶不同，它的茶香更加清幽淡雅，必须用心灵去感悟，才能够闻到那春天般的气息以及清醇悠远、难以言传的生命之香。

图5-36　绿茶茶艺表演——慧心闻茶香

第十一道　品茗：淡中品致味

绿茶的茶汤清纯甘鲜，淡而有味，它虽然不像红茶那样浓艳醇厚，也不像青茶那样酽韵醉人，但是只要你用心去品，就一定能从淡淡的绿茶香中品出天地间至清、至醇、至真、至美的韵味来（图5-37）。

图5-37　绿茶茶艺表演——淡中品致味

金坛雀舌茶艺表演到此结束，谢谢大家！

拓展阅读

茶艺表演的基本原则：轻盈、连绵、圆融。

1）轻盈：指每个动作熟练轻盈、不涩不滞、准备到位、举重若轻。

2）连绵：指整套动作自然流畅、连绵不断，犹如行云流水一般。

3）圆融：指整个茶事过程气定神闲，身心合一，使茶韵得以体现。

项　目		评价内容	组内自评	小组互评	教师点评
知识	应知应会	绿茶概况	□优　□良　□差	□优　□良　□差	□优　□良　□差
		绿茶鉴赏	□优　□良　□差	□优　□良　□差	□优　□良　□差
能力	绿茶茶艺表演解说	焚香	□优　□良　□差	□优　□良　□差	□优　□良　□差
		赏茶	□优　□良　□差	□优　□良　□差	□优　□良　□差
		温杯	□优　□良　□差	□优　□良　□差	□优　□良　□差
		投茶	□优　□良　□差	□优　□良　□差	□优　□良　□差
		润茶	□优　□良　□差	□优　□良　□差	□优　□良　□差
		冲水	□优　□良　□差	□优　□良　□差	□优　□良　□差
		泡茶	□优　□良　□差	□优　□良　□差	□优　□良　□差
		奉茶	□优　□良　□差	□优　□良　□差	□优　□良　□差
		赏茶	□优　□良　□差	□优　□良　□差	□优　□良　□差
		闻香	□优　□良　□差	□优　□良　□差	□优　□良　□差
		品茗	□优　□良　□差	□优　□良　□差	□优　□良　□差
态度	积极主动、热情礼貌		□优　□良　□差	□优　□良　□差	□优　□良　□差
	有问必答、人性化服务		□优　□良　□差	□优　□良　□差	□优　□良　□差
提升建议：				综合评价：□优　□良　□差	

课后练习

1. 详细叙述绿茶茶艺表演解说词。
2. 独立准备绿茶茶艺表演所用材料。
3. 练习绿茶茶艺表演，要求整套动作流畅自然、操作井然有序。

任务三　红茶茶艺表演

任务描述

　　茶艺是人们为了追求更好的精神享受而创造出来的饮茶方式。红茶是六大茶类中发酵最重、浓度最高的茶叶。祁门红茶是产于安徽祁门的著名红茶，具有"宝光、金晕、汤色红艳"的特点。这就要求同学们不仅要了解祁门红茶的基本知识，熟练掌握茶艺表演的各个步骤，还要通过优雅的冲泡手法，给品茗者以美的享受。

任务目标

1. 掌握瓷器茶具冲泡红茶的程序。
2. 能熟练、规范地展示瓷器茶具冲泡红茶的步骤。
3. 培养良好的服务意识，能向服务对象介绍瓷器茶具冲泡红茶的过程。

茶艺 实训教程

4. 体会中国茶文化的博大精深，给服务对象艺术的熏陶和美的享受。

知识储备

红茶条索紧细、纤秀，色艳、味醇，选用白瓷茶具冲泡祁门红茶，便于欣赏它"宝光、金晕、汤色红艳"的特点。

（1）准备阶段　　包括礼仪准备、知识准备和茶具准备。礼仪准备、知识准备在前面的项目中有详细介绍，这里主要介绍红茶茶艺表演需要的茶具准备。

茶具准备：白瓷茶壶、品茗杯（根据实际客人情况准备数量）、公道杯、水盂、茶匙、茶荷、茶叶罐、茶盘、煮水器。

（2）操作阶段　　泡茶的整个过程，包括出场、行礼、沏泡、出汤、敬客、品饮等。本书所介绍的红茶茶艺表演的基本流程为：赏茶—煮水—温壶—置茶—冲水—润茶—泡茶—分茶—闻香—观色—品茗。

（3）结束阶段　　此阶段的工作包括洁具、收具、行礼、退场等。完成表演后场所的清洁工作，整理好所有器具，做到自始至终给人以美的享受。

任务实施

红茶茶艺表演解说词如下。

各位来宾，大家好！我在这里为大家奉上红茶茶艺表演，今天选用的是祁门红茶。

第一道　赏茶：初展仙姿

祁门红茶外形条索紧结细小如眉，苗秀显毫，色泽乌润。"祁红特绝群芳最，清誉高香不二门。"祁门红茶是红茶中的极品，享有盛誉，香名远播，美称"群芳最""红茶皇后"（图5-38）。

图 5-38　红茶茶艺表演——初展仙姿

第二道　洁具：冰清玉洁

茶是圣洁之物，冲泡之前，我们静心洁具，用这清清泉水，洗净世俗和心中的烦恼，让躁动的心变得祥和而宁静，更能表示我对大家的崇敬之心。为了让祁门红茶茶性发挥得淋漓尽致，我们选用白瓷杯来冲泡。

第三道　温杯：温壶烫盅

将煮水器中的沸水（图5-39）注入瓷壶及品茗杯中，为壶、杯升温。

图 5-39　红茶茶艺表演——温壶烫盅

第四道　投茶：佳人入宫

"戏作小诗君一笑，从来佳茗似佳人。"宋代著名诗人苏东坡将茶比喻成让人一见倾心的绝代佳人。佳人入宫（图 5-40）即是将红茶投入杯中。

图 5-40　红茶茶艺表演——佳人入宫

第五道　冲泡：悬壶高冲

这是冲泡祁门红茶的关键（图 5-41）。冲泡的水温在 90℃，刚才初沸的水，此正好用于冲泡。冲泡所用的茶叶，多半是球形的半发酵茶，而高冲可以让茶叶在水的激荡下，充分浸润，将紧结的茶球泡松，以利于色、香、味的充分发挥。

图 5-41　红茶茶艺表演——悬壶高冲

第六道　分茶：点水留香

将公道杯中的茶汤均匀分入品茗杯中（图 5-42），使杯中之茶的色、香、味一致。斟茶斟到七分满，留下三分是情意。

第七道　奉茶：香茗酬宾

坐酌淋淋水，看间瑟瑟尘；吾由持一杯，敬由爱茶人。茶香悠然催人醉，敬奉香茗请君评。

图 5-42　红茶茶艺表演——分杯敬客

第八道　品茶：细啜慢品

香茗至手，先闻其香。香气高长，汤色纯红明亮，滋味醇厚兰香（图 5-43）。

图 5-43　红茶茶艺表演——品味鲜爽

第九道　收具：收杯谢客

接下来请大家细细品茶，尽情享受茶给您带来的宁静与温馨。感谢各位的观赏，谢谢！

祁门红茶通常可冲泡 3 次，每次的口感各不相同，细饮慢品，方得茶之真趣。

任务实施

打开教材配套建设的《茶艺实训教程》数字教学资源包，找到"《茶艺实训教程》茶艺表演视频"文件夹并打开，点击"红茶茶艺表演视频"文件，然后组织学生观看并分组练习红茶的冲泡。

1. 准备器具、样茶。

2. 操作训练。

3. 练习解说。

项　目	评价内容		组内自评	小组互评	教师点评
知识	应知应会	茶艺解说	□优　□良　□差	□优　□良　□差	□优　□良　□差
能力	红茶茶艺表演解说	赏茶	□优　□良　□差	□优　□良　□差	□优　□良　□差
		洁具	□优　□良　□差	□优　□良　□差	□优　□良　□差
		温杯	□优　□良　□差	□优　□良　□差	□优　□良　□差
		投茶	□优　□良　□差	□优　□良　□差	□优　□良　□差
		冲泡	□优　□良　□差	□优　□良　□差	□优　□良　□差
		分茶	□优　□良　□差	□优　□良　□差	□优　□良　□差
		奉茶	□优　□良　□差	□优　□良　□差	□优　□良　□差
		品茶	□优　□良　□差	□优　□良　□差	□优　□良　□差
		收具	□优　□良　□差	□优　□良　□差	□优　□良　□差
态度	积极主动、热情礼貌		□优　□良　□差	□优　□良　□差	□优　□良　□差
	有问必答、人性化服务		□优　□良　□差	□优　□良　□差	□优　□良　□差
提升建议：				综合评价：□优　□良　□差	

课后练习

1. 详细叙述红茶茶艺表演解说词。

2. 独立准备红茶茶艺表演所用材料。

3. 练习红茶茶艺表演，要求整套动作流畅自然、操作井然有序。

任务四　青茶茶艺表演

任务描述

　　青茶也称乌龙茶，在闽南及潮汕一带也称"工夫茶"，青茶茶艺表演是现行茶艺表演中比较常见的一种。它的主要特色在于注重茶品的选择、茶具的精美、水质的甘纯和泡饮技法的从容有序。同学们需要熟练掌握青茶茶艺表演的各个步骤，不断提高自身的茶艺水平，为将来的就业打好基础。

任务目标

1. 掌握紫砂壶冲泡青茶的程序。

2. 能熟练、规范地操作紫砂壶冲泡青茶的步骤。

3. 培养良好的服务意识，能向服务对象介绍紫砂壶冲泡青茶的过程。

4. 体会中国茶文化的博大精深，给服务对象艺术的熏陶和美的享受。

知识储备

　　（1）准备阶段　　包括礼仪准备、知识准备和茶具准备。礼仪准备、知识准备在前面的项目中有详细介绍，这里主要介绍青茶茶艺表演需要的茶具准备。

茶具准备：紫砂壶、品茗杯、煮水器、水盂、茶匙、茶荷、茶叶罐、香、香炉、茶巾、茶盘、茶海、公道杯。

（2）操作阶段　泡茶的整个过程，包括出场、行礼、沏泡、出汤、敬客、品饮等。本书所介绍的青茶茶艺表演的基本流程为：焚香—赏干茶—温壶投茶—洗茶去沫—去汤二泡—注茶—分茶—奉茶—闻香观色—品茗—道谢。

（3）结束阶段　此阶段的工作包括洁具、收具、行礼、退场等。完成表演场所的清洁工作，整理好所有器具，做到自始至终给人以美的享受。

任务实施

青茶茶艺表演解说词如下。

各位来宾，大家好！我在这里为大家奉上青茶茶艺表演，今天选用的是安溪铁观音。

第一道　焚香：焚香静气、活煮甘泉

"焚香静气"（图5-44）就是通过点燃这支香，来营造祥和、肃穆、无比温馨的气氛。这沁人心脾的幽香使大家心旷神怡，希望您的心能伴随着这支悠悠袅袅的香烟，升华到高雅而神奇的境界。"活煮甘泉"，即用旺火来煮沸壶中的山泉水。

图5-44　青茶茶艺表演——焚香静气

第二道　赏干茶：孔雀开屏、叶嘉酬宾

"孔雀开屏"是向同伴展示自己的羽毛，我们借助这道程序向各位来宾介绍我们工艺精湛的工夫茶具。"叶嘉"是苏东坡对茶叶的美称，"叶嘉酬宾"就是请大家鉴赏青茶的外观形状（图5-45）。

图5-45　青茶茶艺表演——叶嘉酬宾

第三道　温壶投茶：大彬沐淋、乌龙入宫

时大彬是明代制作紫砂壶的一代宗师，它所制作的紫砂壶令历代茶人叹为观止，视为至宝，

所以后人都把名贵的紫砂壶称为大彬壶。"大彬沐淋"就是用开水浇烫茶壶，目的是洗壶和提高壶温。我们把青茶放入紫砂壶内，称为"乌龙入宫"（图 5-46）。

图 5-46　青茶茶艺表演——乌龙入宫

第四道　洗茶去沫：高山流水、春风拂面 🍃

冲泡青茶讲究"高冲水，低斟茶"。"高山流水"即悬壶高冲，借助水的冲力使茶叶在茶壶内随水浪翻滚，达到洗茶的目的。"春风拂面"指用壶盖轻轻地刮去冲水时所翻起的白色泡沫，使壶内的茶汤更加清澈洁净（图 5-47）。

图 5-47　青茶茶艺表演——春风拂面

第五道　去汤二泡：乌龙入海、重洗仙颜 🍃

品乌龙茶讲究"头泡汤，二泡茶，三泡、四泡是精华"。头泡茶汤我们一般不喝，而是用来烫洗杯具，我们将剩余的茶汤注入茶海，因为茶汤呈琥珀色，从壶口流向茶海好似蛟龙入海，所以称之为"乌龙入海"。"重洗仙颜"是指第二次冲泡。这次冲水需加盖后用热水浇淋壶的外部，这样内外加温有利于茶香的散发（图 5-48）。

图 5-48　青茶茶艺表演——重洗仙颜

第六道　注茶：玉液回壶、再注甘露

把紫砂壶中的茶汤注入公道杯中，我们称之为"玉液回壶、再注甘露"（图 5-49）。

图 5-49　青茶茶艺表演——再注甘露

第七道　分茶：祥龙行雨、凤凰点头

将公道杯中的茶汤快速均匀地斟入品茗杯中，称为"祥龙行雨"（图 5-50），取其"甘露普降"的吉祥之意。当公道杯中的茶汤所剩不多时，则改为点斟的手法，这里形象地称之为"凤凰点头"，以示向各位来宾行礼致敬。

图 5-50　青茶茶艺表演——祥龙行雨

第八道　奉茶：捧杯献礼、敬奉香茗

我将冲泡好的青茶敬奉给各位（图 5-51）。

图 5-51　青茶茶艺表演——捧杯献礼

第九道　闻香观色：鉴赏汤色、喜闻高香

"鉴赏汤色"是观赏品茗杯中的茶汤是否清亮、艳丽、呈淡黄色（彩图 15）。"喜闻高香"

是闻茶汤的香味，看看这头泡茶汤是否香高新锐且无异味。

第十道　品茗：三龙护鼎、初品奇茗

用拇指、食指扶杯，中指托住杯底，三指喻为三龙，茶杯喻为鼎，好似三龙护鼎。初品奇茗是品茶三品中的第一品（图5-52），观色、闻香后开始品茶味茶汤，品悟茶味。

图 5-52　青茶茶艺表演——初品奇茗

第十一道　道谢：以茶为友、尽杯谢客

"茶味人生细品悟"。茶人认为一杯茶中包含了人生百味，有的人认为"啜苦可励志"，有的人"咽甘思报国"。无论品出的是苦涩、甘甜，还是平和、醇厚，都是您从茶中体会出的人生感悟（图5-53）。

图 5-53　青茶茶艺表演——尽杯谢客

青茶茶艺表演到此结束，谢谢大家！

拓展阅读

青茶有"四宝"：一是玉书煨，扁形的陶制烧开水的壶，容量约200mL；二是潮汕炉，用来烧开水用的火炉；三是孟臣罐，小型精致的泡茶茶壶，容量约50mL；四是若琛瓯，一种小的白瓷茶杯，只有半个乒乓球大小，通常4只为一套。

任务评价

项　目	评价内容		组 内 自 评	小 组 互 评	教 师 点 评
知识	应知应会	青茶概况	□优　□良　□差	□优　□良　□差	□优　□良　□差
		青茶鉴赏	□优　□良　□差	□优　□良　□差	□优　□良　□差
能力	青茶茶艺表演解说	焚香静气、活煮甘泉	□优　□良　□差	□优　□良　□差	□优　□良　□差
		孔雀开屏、叶嘉酬宾	□优　□良　□差	□优　□良　□差	□优　□良　□差
		大彬沐淋、乌龙入宫	□优　□良　□差	□优　□良　□差	□优　□良　□差
		高山流水、春风拂面	□优　□良　□差	□优　□良　□差	□优　□良　□差
		乌龙入海、重洗仙颜	□优　□良　□差	□优　□良　□差	□优　□良　□差
		玉液回壶、再注甘露	□优　□良　□差	□优　□良　□差	□优　□良　□差
		祥龙行雨、凤凰点头	□优　□良　□差	□优　□良　□差	□优　□良　□差
		捧杯献礼、敬奉香茗	□优　□良　□差	□优　□良　□差	□优　□良　□差
		鉴赏汤色、喜闻高香	□优　□良　□差	□优　□良　□差	□优　□良　□差
		三龙护鼎、初品奇茗	□优　□良　□差	□优　□良　□差	□优　□良　□差
		以茶为友、尽杯谢客	□优　□良　□差	□优　□良　□差	□优　□良　□差
态度	积极主动、热情礼貌		□优　□良　□差	□优　□良　□差	□优　□良　□差
	有问必答、人性化服务		□优　□良　□差	□优　□良　□差	□优　□良　□差
提升建议：			综合评价：□优　□良　□差		

课后练习

1. 详细叙述青茶茶艺表演解说词。
2. 独立准备青茶茶艺表演所用材料。
3. 练习青茶茶艺表演，要求整套动作流畅自然、操作井然有序。

参 考 文 献

[1] 赵英立. 中国茶艺全程学习指南·彩图版 [M]. 北京：化学工业出版社，2008.

[2] 郑春英. 从零开始学泡茶 [M]. 北京：中国纺织出版社，2011.

[3] 劳动和社会保障部中国就业培训技术指导中心.茶艺师·基础知识[M].北京:中国劳动社会保障出版社，2004.

[4] 王广智. 从零开始学泡茶 [M]. 北京：科学出版社，2011.